PERGUNTAS E RESPOSTAS SOBRE O LEAN SEIS SIGMA

O GEN | Grupo Editorial Nacional – maior plataforma editorial brasileira no segmento científico, técnico e profissional – publica conteúdos nas áreas de ciências sociais aplicadas, exatas, humanas, jurídicas e da saúde, além de prover serviços direcionados à educação continuada e à preparação para concursos.

As editoras que integram o GEN, das mais respeitadas no mercado editorial, construíram catálogos inigualáveis, com obras decisivas para a formação acadêmica e o aperfeiçoamento de várias gerações de profissionais e estudantes, tendo se tornado sinônimo de qualidade e seriedade.

A missão do GEN e dos núcleos de conteúdo que o compõem é prover a melhor informação científica e distribuí-la de maneira flexível e conveniente, a preços justos, gerando benefícios e servindo a autores, docentes, livreiros, funcionários, colaboradores e acionistas.

Nosso comportamento ético incondicional e nossa responsabilidade social e ambiental são reforçados pela natureza educacional de nossa atividade e dão sustentabilidade ao crescimento contínuo e à rentabilidade do grupo.

Série Werkema
e Excelência Empresarial

CRISTINA WERKEMA

PERGUNTAS E RESPOSTAS SOBRE O LEAN SEIS SIGMA

2ª EDIÇÃO

A autora e o GEN | Grupo Editorial Nacional empenharam-se para citar adequadamente e dar o devido crédito a todos os detentores dos direitos autorais de qualquer material utilizado neste livro, dispondo-se a possíveis acertos caso, inadvertidamente, a identificação de algum deles tenha sido omitida.

Não é responsabilidade da editora nem da autora a ocorrência de eventuais perdas ou danos a pessoas ou bens que tenham origem no uso desta publicação.

Apesar dos melhores esforços da autora, do editor e dos revisores, é inevitável que surjam erros no texto. Assim, são bem-vindas as comunicações de usuários sobre correções ou sugestões referentes ao conteúdo ou ao nível pedagógico que auxiliem o aprimoramento de edições futuras.

Os comentários dos leitores podem ser encaminhados à **Editora Atlas Ltda.** pelo e-mail faleconosco@grupogen.com.br.

Direitos exclusivos para a língua portuguesa
Copyright © 2012, 2020, (3ª impressão) by
GEN | GRUPO EDITORIAL NACIONAL S.A.
Publicado pelo selo Editora Atlas

Reservados todos os direitos. É proibida a duplicação ou reprodução deste volume, no todo ou em parte, sob quaisquer formas ou por quaisquer meios (eletrônico, mecânico, gravação, fotocópia, distribuição na internet ou outros), sem permissão expressa do GEN | Grupo Editorial Nacional.

Rua Conselheiro Nébias, 1384
Campos Elísios, São Paulo, SP — CEP 01203-904
Tels.: 21-3543-0770/11-5080-0770
faleconosco@grupogen.com.br
www.grupogen.com.br

Designer de capa: Herbert Junior
Editoração Eletrônica: C&C Criações e Textos Ltda.

CIP-BRASIL. CATALOGAÇÃO NA PUBLICAÇÃO
SINDICATO NACIONAL DOS EDITORES DE LIVROS, RJ

W521p
2. ed.

Werkema, Cristina
Perguntas e respostas sobre o Lean seis sigma / Cristina Werkema. – 2. ed. – [Reimp.]. – São Paulo: Atlas, 2020.
(Werkema de excelência empresarial)

Inclui bibliografia
ISBN 978-85-352-5388-7

1. Engenharia da produção. 2. Six sigma (Padrão de controle de qualidade). 3. Administração da produção. 4. Controle de processos. 5. Controle de qualidade. 6. Administração da qualidade. I. Título. I. Série.

11-6009.   CDD: 658.5
                                                                           CDU: 658.5

agradecimentos

Ao Universo, por nunca me deixar sozinha no cumprimento da importante e intricada missão de existir como um Ser Humano no Planeta Terra.

"Iron sharpens iron. There is no test put to you that you cannot handle. And the tests will go right to that place that will irritate you the most. And there are reasons, because God loves you. God loves you enough to put you in this caldron and stir it vigorously so that when you´re finished you´ll come out compassionate, understanding, strong, loving, giving you an idea of what humanity is about. And it changes you, all of you. And some of you sit through health issues, some of you sit through financial issues, some of you sit through relationship issues, and they are all in this room. If you´re one who is experiencing this, I will say that the hand of God is upon you. The arms of the Higher-Self every single day surround you and keep you safe. So that you will go through the things that you must go through, make the decisions you must make, and come out stronger than when you went in: all safe, all beautiful, all appropriate. The waters of life are cutting a canyon of wisdom in your soul. And you will never be the same."

Kryon

Live Kryon Channelling – Grand Canyon, Arizona, USA – June 8, 2011

As channelled by Lee Carroll for Kryon (www.kryon.com)

Material Suplementar

Este livro conta com o seguinte material suplementar:

- *Slides* (restrito a docentes).

O acesso ao material suplementar é gratuito. Basta que o leitor se cadastre em nosso *site* (www.grupogen.com.br), faça seu *login* e clique em GEN-IO, no menu superior do lado direito.

É rápido e fácil! Caso haja alguma mudança no sistema ou dificuldade de acesso, entre em contato conosco (gendigital@grupogen.com.br).

GEN-IO (GEN | Informação Online) é o ambiente virtual de aprendizagem do GEN | Grupo Editorial Nacional, maior conglomerado brasileiro de editoras do ramo científico-técnico-profissional, composto por Guanabara Koogan, Santos, Roca, AC Farmacêutica, Forense, Método, Atlas, LTC, E.P.U. e Forense Universitária. Os materiais suplementares ficam disponíveis para acesso durante a vigência das edições atuais dos livros a que eles correspondem.

Sumário

capítulo 1
10 Quais são as principais dúvidas sobre o Seis Sigma e o *Lean Manufacturing*?

capítulo 2
24 Integração *Lean* & Seis Sigma: muito barulho por nada?

capítulo 3
49 O Seis Sigma mata a inovação?

capítulo 4
60 O que é certificação de *Belts* do Seis Sigma?

capítulo 5
115 Quem é o *Master Black Belt* do *Lean* Seis Sigma?

capítulo 6
120 Como empregar o *Lean* Seis Sigma em serviços?

capítulo 7
124 É possível aplicar o *Lean* Seis Sigma na gestão de serviços de saúde?

capítulo 8
127 Como empregar o *Lean* Seis Sigma em médias e pequenas empresas?

capítulo 9
129 Por que usar *softwares* para gestão do negócio *Lean* Seis Sigma?

capítulo 10
132 Por que replicar projetos *Lean* Seis Sigma?

capítulo 11
136 Por que a gestão por processos e o *Lean* Seis Sigma representam uma combinação de alto impacto?

capítulo 12
143 Como ocorre a integração entre o *Design for Lean Six Sigma* (DFLSS) e a Metodologia de Gerenciamento de Projetos *PMBoK*?

capítulo 13
164 "*Soft skills*": por que usar o Eneagrama no *Lean* Seis Sigma?

capítulo 14
184 Por que a comunicação interna é tão importante para o sucesso do *Lean* Seis Sigma?

capítulo 15
190 Como minimizar o impacto dos erros humanos na realização de medições?

capítulo 16
197 Por que a *TRIZ* é uma poderosa ferramenta para a inovação?

anexo A
209 Comentários e referências

anexo B
217 Referências

"Nenhuma organização pode ser maior do que o horizonte espiritual das pessoas que, conjuntamente, levam-na adiante."

Rudolf Mann

"Não há progresso sem mudança. E, quem não consegue mudar a si mesmo, acaba não mudando coisa alguma."

George Bernard Shaw

Por que todo livro precisa ter prefácio?

Resposta: Você responde!

Capítulo 1.

Quais são as principais dúvidas sobre o Seis Sigma e o *Lean Manufacturing*?

"Tente mover o mundo – o primeiro passo será mover a si mesmo."

Platão

◆ O que é o Seis Sigma?

O Seis Sigma é uma estratégia gerencial disciplinada e altamente quantitativa, que tem como objetivo aumentar drasticamente a lucratividade das empresas, por meio da melhoria da qualidade de produtos e processos e do aumento da satisfação de clientes e consumidores.

◆ Que tipo de empresa pode e deve usá-lo?

O Seis Sigma pode e deve ser usado por qualquer tipo de empresa, já que o programa é uma estratégia gerencial para a melhoria da performance do negócio, o que representa uma necessidade de toda organização. Vale destacar que o Seis Sigma terá maior impacto na redução da variação presente em processos internos repetitivos e no projeto de novos produtos e processos.

◆ Quando e por quem o Seis Sigma foi inventado?

O Seis Sigma nasceu na Motorola, em 15 de janeiro de 1987, com o objetivo de tornar a empresa capaz de enfrentar seus concorrentes, que fabricavam produtos de qualidade superior a preços menores. O programa foi lançado em uma palestra do CEO da empresa na época, Bob Galvin, divulgada em videoteipes e memorandos. Já o "pai" dos conceitos e métodos do Seis Sigma foi Bill Smith, um engenheiro e cientista que trabalhava no negócio de produtos de comunicação da Motorola. Bob Galvin foi contagiado pela forte convicção de Bill Smith quanto ao sucesso do Seis Sigma e então criou as condições para que Bill colocasse o programa em prática e o transformasse no principal componente da cultura da Motorola.

◆ Quais são suas maiores vantagens?

As principais vantagens do Seis Sigma são algumas características únicas e muito poderosas de sua abordagem e forma de implementação:

- A mensuração direta dos benefícios do programa na lucratividade da empresa, o que proporciona elevada visibilidade e valorização dos resultados alcançados.
- O elevado comprometimento da alta administração e a infraestrutura criada na empresa, com papéis bem definidos para os patrocinadores e especialistas do Seis Sigma (*Sponsors, Champions, Master Black Belts, Black Belts, Green Belts, Yellow Belts* e *White Belts*).
- Os métodos estruturados para o alcance de metas utilizados no programa: *DMAIC*, para a melhoria do desempenho de produtos e processos e *DMADV*, para o desenvolvimento de novos produtos e processos.
- O foco na satisfação do cliente/consumidor.

No que diz respeito aos benefícios, vale destacar que, por meio do Seis Sigma, as empresas podem:
- Reduzir o percentual de fabricação de produtos defeituosos.
- Aumentar o nível de satisfação de clientes.
- Reduzir o tempo exigido no desenvolvimento de novos produtos.
- Reduzir estoques, percentual de entregas com atraso e custos.
- Aumentar o rendimento dos processos e o volume de vendas.

♦ Há alguma desvantagem?

O Seis Sigma não possui desvantagens. Há apenas um ponto de atenção importante: as empresas devem ser capazes de repudiar a parte da propaganda que cerca o programa prometendo "milagres rápidos e fáceis". Deve ficar muito claro que o Seis Sigma só funciona se implementado com rigor e disciplina: as decisões devem ser baseadas em dados e na metodologia estruturada do DMAIC ou do DMADV (Design for Six Sigma) e é imprescindível um profundo comprometimento da alta administração da organização.

♦ O Seis Sigma é bastante difundido? É muito utilizado pelas empresas no Brasil?

A partir de 1988, quando a Motorola foi agraciada com o Prêmio Nacional da Qualidade Malcolm Baldrige, o Seis Sigma tornou-se conhecido como o programa responsável pelo sucesso da organização. Com isso, outras empresas, como a Asea Brown Boveri, AlliedSignal, General Electric, Kodak e Sony passaram a utilizar com sucesso o programa e a divulgação dos enormes ganhos alcançados por elas gerou um crescente interesse pelo Seis Sigma. Podemos dizer que o Seis Sigma foi celebrizado pela GE, a partir da divulgação, feita com destaque pelo CEO Jack Welch, dos expressivos resultados financeiros obtidos pela empresa através da implantação da metodologia (por exemplo, ganhos de 1,5 bilhão de dólares em 1999). Após a adoção pela GE, houve uma grande difusão do programa.

No Brasil, a utilização do Seis Sigma está crescendo a cada dia. As empresas cujas unidades de negócio no exterior implementaram o Seis Sigma já há algum tempo – Motorola, ABB, Kodak e GE, por exemplo – conhecem bem o programa e, usualmente, treinavam seus especialistas fora do Brasil, por meio dos Master Black Belts da própria organização ou de consultorias estrangeiras. Agora, grande parte dessas empresas já está implementando o programa com o suporte de consultorias nacionais ou de sua própria equipe de Master Black Belts e Black Belts. A partir da divulgação dos resultados obtidos pelas primeiras empresas multinacionais que adotaram o Seis Sigma, várias outras organizações que não tinham qualquer tipo de experiência com o programa passaram a utilizá-lo, já contando, desde o início, com o apoio de consultores brasileiros e obtendo resultados expressivos.

Os resultados das organizações brasileiras que estão adotando o programa têm, muitas vezes, superado o indicador "30 reais de ganho por real investido" e há vários projetos Seis Sigma cujo retorno é da ordem de 5 a 10 milhões de reais anuais.

- **Desde que foi criado, o Seis Sigma já sofreu alguma modificação?**

    Sim. O Seis Sigma já sofreu várias modificações desde o início de sua utilização pela Motorola. Por exemplo, o método **DMAIC** (**D**efine, **M**easure, **A**nalyze, **I**mprove, **C**ontrol) substituiu o antigo método **MAIC** (**M**easure, **A**nalyze, **I**mprove, **C**ontrol) como a abordagem padrão para a condução dos projetos Seis Sigma de melhoria de desempenho de produtos e processos. Além disso, outras técnicas não estatísticas, tais como as práticas do *Lean Manufacturing*, foram integradas ao Seis Sigma, dando origem ao *Lean* Seis Sigma. Outra modificação foi o surgimento do método **DMADV** (**D**efine, **M**easure, **A**nalyze, **D**esign, **V**erify), que é utilizado em projetos cujo escopo é o desenvolvimento de novos produtos e processos.

- **Como funciona o Seis Sigma em uma empresa?**

    A lógica do programa é apresentada na **Figura 1.1**. O Seis Sigma enfoca os objetivos estratégicos da organização e estabelece que todos os setores-chave para a sobrevivência e sucesso futuros da empresa possuam metas de melhoria baseadas em métricas quantificáveis, que serão atingidas por meio de um esquema de execução projeto por projeto. Os projetos são conduzidos por equipes lideradas pelos especialistas do Seis Sigma (*Black Belts* ou *Green Belts*), com base nos métodos **DMAIC** (**D**efine, **M**easure, **A**nalyze, **I**mprove, **C**ontrol) e **DMADV** (**D**efine, **M**easure, **A**nalyze, **D**esign, **V**erify). Os patrocinadores e especialistas do Seis Sigma são apresentados na **Figura 1.2**.

Lógica do Seis Sigma.

FIGURA 1.1

Seis Sigma
- Foco no alcance das metas estratégicas da empresa, determinadas pela alta administração.
- Uso de ferramentas e métodos mais complexos:
  - Melhoria de produtos e processos existentes: *DMAIC*.
  - Criação de novos produtos e processos: *DMADV* (*Design for Six Sigma – DFSS*).
- Treinamentos específicos para formação de especialistas ("*Belts*") que conduzirão projetos Seis Sigma.

Aumento da lucratividade da empresa
- Redução de custos.
- Otimização de produtos e processos.
- Incremento da satisfação de clientes e consumidores.

Patrocinadores e especialistas do Seis Sigma.

FIGURA 1.2

	Patrocinador/Especialista	Nível de atuação	Principais atribuições
Patrocinador	*Sponsor*	Principal executivo da empresa	Promover e definir as diretrizes para a implementação do Seis Sigma.
	Sponsor Facilitador	Diretoria	Assessorar o *Sponsor* do Seis Sigma na implementação do programa.
	Champion	Gerência	Apoiar os projetos e remover possíveis barreiras para o seu desenvolvimento.
Especialista	*Master Black Belt*	Staff	Assessorar os *Sponsors* e *Champions* e atuar como mentores dos *Black Belts* e *Green Belts*.
	Black Belt	Staff	Liderar equipes na condução de projetos multifuncionais (preferencialmente) ou funcionais.
	Green Belt	Staff	Liderar equipes na condução de projetos funcionais ou participar de equipes lideradas por *Black Belts*.
	Yellow Belt	Supervisão	Supervisionar a utilização das ferramentas Seis Sigma na rotina da empresa e executar projetos mais focados e de desenvolvimento mais rápido que os executados pelos *Green Belts*.
	White Belt	Operacional	Executar ações na operação de rotina da empresa que irão garantir a manutenção, a longo prazo, dos resultados obtidos por meio dos projetos.

As etapas iniciais para implementação do programa, com suporte de consultoria externa, são:
- Visitas técnicas da consultoria, para conhecimento da empresa, preparação do lançamento do programa e identificação de oportunidades que poderão originar projetos Seis Sigma.
- Realização do "Seminário para a Alta Administração" (definição de projetos, de *Champions* e de possíveis candidatos a *Black Belts* e *Green Belts*).
- Realização do processo para seleção de candidatos a *Black Belts* e *Green Belts* e identificação do candidato que conduzirá cada projeto.
- Realização do "*Workshop para Formação de Champions*".
- Oferecimento do treinamento para *Black Belts* e/ou *Green Belts*. Como parte do treinamento, cada candidato conduzirá projetos Seis Sigma.

◆ **Quanto custa todo o processo para implementação do Seis Sigma?**

Não existe uma resposta padrão para essa pergunta, já que esse valor depende de fatores variáveis, tais como o porte da organização. No entanto, o retorno sobre o investimento para implementação do Seis Sigma – se essa implementação for realizada de modo consistente – é garantido: as empresas vêm superando a marca de 30 reais de ganho para cada real investido.

Para finalizar, é importante destacar que a empresa deve tomar cuidado para não investir em um programa de treinamento "em massa" e "a toque de caixa". É mais prudente realizar os treinamentos de modo gradual, com os objetivos de garantir o tempo de dedicação dos profissionais à execução dos projetos e também de viabilizar a possibilidade de realização de ajustes que aprimorem a implementação do Seis Sigma.

◆ **Por que as empresas optam pelo Seis Sigma?**

As empresas optam pelo Seis Sigma com o objetivo de melhorar radicalmente o desempenho da organização e saltar à frente de seus concorrentes, obtendo maior lucratividade e gerando mais valor para os acionistas. Uma empresa que tem como meta, por exemplo, dobrar o valor do negócio em um prazo de três anos, poderá adotar o Seis Sigma como uma das principais estratégias para o alcance dessa meta.

◆ **O Seis Sigma não acaba criando uma impressão de que alguns colaboradores são os super-heróis da empresa, isto é, aqueles que conseguem resolver tudo a qualquer custo? Como ficam os outros funcionários diante desses personagens criados pelo programa?**

No Seis Sigma, todas as pessoas da empresa, nos diferentes níveis de aprofundamento do programa, são responsáveis por conhecer e implementar seus conceitos e sua metodologia. Portanto, para o sucesso do programa, é necessário treinar pessoas com perfil apropriado, que se transformarão em patrocinadores e especialistas do Seis Sigma, de acordo com o modelo básico apresentado na **Figura 1.2**.

◆ **Como ficam os outros programas da qualidade com a implantação do Seis Sigma? Ele substitui outros sistemas como a ISO 9001:2000?**

Os programas de qualidade anteriormente adotados pela organização devem ser levados em conta e integrados ao Seis Sigma, para que fique claro que eles não foram "abandonados" em função de uma "nova moda". Isto é: o Seis Sigma deve ser visto como um *upgrade* para esses programas, que se tornou necessário para garantir à empresa o alcance de metas mais desafiadoras.

O Seis Sigma não substitui a ISO 9001:2000, já que cada um deles possui diferentes objetivos: a ISO 9001:2000 é um sistema de gerenciamento da qualidade, enquanto o Seis Sigma é uma estratégia gerencial para a melhoria da performance do negócio. No entanto, o Seis Sigma dá sustentação às normas ISO 9001:2000 e auxilia a empresa a satisfazer seus requisitos, já que fornece embasamento a todos os princípios de gestão da qualidade: foco no cliente, liderança, envolvimento das pessoas, abordagem de processo, abordagem factual para tomada de decisão, melhoria contínua, abordagem sistêmica para a gestão e benefícios mútuos nas relações com os fornecedores. Por exemplo, a ISO 9001:2000 requer que exista um processo de melhoria contínua implementado na empresa, mas não diz como – já o Seis Sigma estabelece como implementar esse processo.

◆ **Quais as principais diferenças entre o Seis Sigma e a metodologia de soluções de problemas do TQC no estilo japonês?**

Os principais aspectos presentes no Seis Sigma e ausentes no TQC são:
- Orientação para a obtenção de resultados para o negócio (o Seis Sigma é uma estratégia de negócio, e não uma iniciativa de qualidade).
- Liderança da alta administração, exercida de forma explícita.
- Existência de uma infraestrutura de suporte para a sua implementação, com papéis bem definidos para todas as pessoas da empresa.
- Projetos Seis Sigma associados às metas prioritárias da organização.
- Resultados dos projetos traduzidos para a linguagem financeira.

- Elevada dedicação dos especialistas do Seis Sigma ao desenvolvimento dos projetos.
- Mensuração do retorno sobre o investimento dos treinamentos realizados.
- Existência de um roteiro (métodos *DMAIC* e *DMADV*) que mostra como integrar as ferramentas analíticas (principalmente, técnicas estatísticas) a uma abordagem global para o alcance de metas.

◆ **Assim como na implantação da ISO, a empresa que adota o Seis Sigma também passa por auditorias e recebe alguma certificação? Qual instituição emite e regulamenta essa certificação? Ela é periódica?**

Não existem auditorias para certificação de empresas que adotaram o Seis Sigma. Existem, sim, procedimentos para certificação dos especialistas do programa – *Green Belts*, *Black Belts* e *Master Black Belts*.

A avaliação de desempenho de cada candidato a *Green Belt*, *Black Belt* ou *Master Black Belt* deve ser feita em conjunto pelos consultores e gestores envolvidos nos projetos desenvolvidos pelo candidato. Essa avaliação ocorrerá de acordo com os critérios definidos para certificação e seu resultado implicará, ou não, a certificação do candidato. Nela deverão ser considerados os seguintes aspectos:
- Compreensão do método e das ferramentas Seis Sigma (desempenho nos cursos e no desenvolvimento dos projetos práticos).
- Conclusão dos projetos práticos (a avaliação do retorno econômico dos projetos deverá ser validada pela diretoria financeira/controladoria da empresa).
- Raciocínio crítico e capacidade de síntese e comunicação de ideias.
- Habilidades de relacionamento interpessoal, de gerenciamento de projetos e de condução de mudanças organizacionais.

Exemplos de matrizes para avaliação de *Black Belts* e *Green Belts* são apresentados no livro **Criando a Cultura Seis Sigma**[1].

Vale destacar que a *American Society for Quality* – ASQ já instituiu seu exame para certificação de *Black Belts* e *Green Belts*, conforme apresentado no capítulo 4. No entanto, é importante considerar que a empresa à qual o candidato está vinculado e na qual desenvolveu seus projetos é uma instituição capacitada para avaliar seu domínio da metodologia e, portanto, para certificá-lo. Quando um especialista já certificado vier a trabalhar em uma nova empresa, essa poderá solicitar uma nova certificação, de acordo com seus próprios critérios.

♦ Adotar o Seis Sigma é um processo tão "sofrido" como implantar a ISO?

A adoção do Seis Sigma representa um processo de mudança e, consequentemente, é um processo "sofrido". Para o gerenciamento estratégico do processo de mudança associado à implementação do programa e minimização das dificuldades é importante a observação dos seguintes pontos:

- A necessidade da mudança – representada pelos novos conceitos, ferramentas e modo de pensar e agir do Seis Sigma – deve ser informada e entendida pelas pessoas da organização.
- A possível resistência à mudança, isto é, ao gerenciamento fundamentado em fatos e dados que caracteriza o Seis Sigma, deve ser analisada e bloqueada por meio das seguintes ações:
    - Avaliação da intensidade da resistência.
    - Diagnóstico dos tipos de resistência existentes na empresa.
    - Identificação das estratégias adequadas para combater cada tipo de resistência.
- A empresa deve promover treinamentos em gerenciamento da mudança, tanto para os gestores quanto para os *Black Belts*, *Green Belts* e demais pessoas-chave para a execução dos projetos.
- Os sistemas e estruturas da empresa (processos de contratação, treinamento, reconhecimento e recompensa, por exemplo) devem ser gradualmente modificados para refletir e incentivar a nova cultura Seis Sigma:
    - A empresa deve associar uma parte do bônus que compõe a remuneração variável dos gestores (*Champions* e *Sponsors*) a resultados obtidos no âmbito do Seis Sigma.
    - Os *Black Belts*, *Green Belts* e demais pessoas das equipes de projetos Seis Sigma também devem possuir alguma forma de remuneração variável, atrelada aos resultados e ganhos financeiros ("*hard*" e "*soft*" *savings*) dos projetos por eles desenvolvidos.
    - Também é importante que seja criada, para os profissionais envolvidos no Seis Sigma, a oportunidade de realização de treinamentos específicos, principalmente para o desenvolvimento de habilidades comportamentais e gerenciais.

♦ Qual a importância da estatística nos projetos desenvolvidos nas empresas por meio do Seis Sigma?

Uma das características do Seis Sigma é a tomada de decisões a partir de conclusões resultantes do estudo de fatos e dados, de acordo com as etapas de um método estruturado de análise (*DMAIC* ou *DMADV*), em lugar das decisões baseadas no "achismo" e na "experiência". Neste contexto, as técnicas estatísticas são muito importantes para a coleta e análise dos dados apropriados. Essas técnicas são totalmente integradas às etapas do *DMAIC* e do *DMADV*.

◆ Quanto tempo é necessário para a implantação do Seis Sigma em uma organização?

Os primeiros resultados surgem em um prazo de quatro a oito meses após o início da implementação do Seis Sigma. Quanto à consolidação da cultura Seis Sigma na organização, já é necessário um prazo maior, de aproximadamente 18 a 36 meses.

◆ O que pode falhar na implementação do Seis Sigma?

As principais falhas que podem ocorrer na implementação do Seis Sigma são:
- Fraco comprometimento dos níveis gerenciais (lideranças).
- Escolha inadequada dos projetos. Por exemplo, um projeto Seis Sigma deve ter complexidade suficiente para que seja significativo para a empresa, mas não deve ser tão complexo que não possa ser concluído em um período de quatro a seis meses e nem deve ser extremamente simples.
- Baixa dedicação dos candidatos a *Black Belts* e *Green Belts* aos projetos.
- Resultados dos projetos não traduzidos para a linguagem financeira.
- Inexistência de um sistema para monitoramento dos resultados financeiros do Seis Sigma.
- Perfil inadequado dos candidatos a *Black Belts* e *Green Belts*.
- Falta de reconhecimento aos candidatos a *Black Belts* e *Green Belts* e suas equipes.
- Falta de acompanhamento aos projetos Seis Sigma pelos *Champions* e *Sponsors*.
- Escolha de um *Champion* que não é o responsável pela performance da área que será diretamente afetada pelos resultados do projeto.
- Baixo envolvimento no programa de áreas importantes da empresa, tais como recursos humanos, controladoria e tecnologia da informação.
- Falta de reuniões entre candidatos, gerentes, diretores, facilitadores e consultoria, para avaliações periódicas do programa.
- Inexistência de procedimentos padrão para o coordenador do Seis Sigma transmitir, para os *Sponsors*, *Champions* e candidatos, os relatórios das visitas técnicas e outras avaliações da consultoria.
- Maior ênfase no oferecimento de cursos sobre ferramentas estatísticas aos futuros especialistas do que no desenvolvimento dos projetos.

◆ No futuro, o Seis Sigma será modificado? Um dia se tornará obsoleto?

O Seis Sigma está em contínuo aprimoramento, sendo possível destacar as seguintes tendências mundiais em seu processo de evolução e consolidação:

- Crescente implementação em empresas que atuam na área de prestação de serviços (setores de saúde, financeiro e governamental, por exemplo).
- Adoção do Seis Sigma pela empresa como um todo – principalmente nos setores envolvidos diretamente no relacionamento com os clientes/consumidores – e não apenas nas áreas de manufatura.
- Disseminação do *Design for Six Sigma* (DFSS) como uma extensão do Seis Sigma para o projeto de novos produtos (bens ou serviços) e processos.
- Maior valorização dos chamados "*soft*" *savings* que podem ser gerados pelos projetos Seis Sigma. Um exemplo de "*soft*" *saving* são os ganhos que resultam quando são evitadas perdas de clientes que poderiam ocorrer em consequência da deterioração da imagem da marca do produto e/ou da empresa.
- Envolvimento cada vez mais efetivo dos fornecedores da empresa no programa.
- Integração do Seis Sigma a um sistema global de gerenciamento da qualidade.
- Reconhecimento do programa como um mecanismo para o desenvolvimento de lideranças – diversas empresas, entre elas GE, DuPont e 3M, exigem pelo menos a certificação *Green Belt* como pré-requisito para promoções para cargos gerenciais.

O Seis Sigma não se tornará obsoleto. Atualmente existe a ampliação do consenso de que o programa – quando ele realmente apresenta os requisitos necessários para receber a denominação "Seis Sigma" – "veio para ficar", não sendo apenas mais uma moda passageira na área da qualidade. O Seis Sigma é uma estratégia gerencial para a melhoria do desempenho do negócio e, como sabemos, a necessidade de melhoria sempre existirá.

Não podemos deixar de lembrar que o Seis Sigma já existe há 21 anos, a partir de seu nascimento na Motorola, e que vem sofrendo aprimoramentos desde então, sendo adotado por um número cada vez maior de organizações. O lançamento da *ASQ Six Sigma Forum Magazine*, a implementação do *ASQ Six Sigma Forum*, a instituição do exame da *ASQ* para certificação de *Black Belts* e o sucesso de *sites* como o www.isixsigma.com são fortes indicadores da consolidação mundial do Seis Sigma.

◆ O que é *Lean Manufacturing*?

O *Lean Manufacturing* é uma iniciativa que busca eliminar desperdícios, isto é, excluir o que não tem valor para o cliente e imprimir velocidade à empresa. Como o *Lean* pode ser aplicado em todo tipo de trabalho, uma denominação mais apropriada é *Lean Operations* ou *Lean Enterprise*.

♦ Quando e por quem o *Lean Manufacturing* foi inventado?

As origens do *Lean Manufacturing* remontam ao Sistema Toyota de Produção (também conhecido como Produção *Just-in-Time*). O executivo da Toyota, Taiichi Ohno, iniciou, na década de 1950, a criação e implantação de um sistema de produção cujo principal foco era a identificação e a posterior eliminação de desperdícios, com o objetivo de reduzir custos e aumentar a qualidade e a velocidade de entrega do produto aos clientes. O Sistema Toyota de Produção, por representar uma forma de produzir cada vez mais com cada vez menos, foi denominado produção enxuta (*Lean Production* ou *Lean Manufacturing*) por James P. Womack e Daniel T. Jones, em seu livro *A Máquina que Mudou o Mundo*[2]. Essa obra – publicada em 1990 nos Estados Unidos com o título original *The Machine that Changed the World* – é um estudo sobre a indústria automobilística mundial realizado na década de 1980 pelo *Massachusetts Institute of Technology (MIT)*, que chamou a atenção de empresas de diversos setores.

♦ Qual é a lógica do *Lean Manufacturing*?

No cerne do *Lean Manufacturing* está a redução dos sete tipos de desperdícios identificados por Taiichi Ohno[3]: "**defeitos** (nos produtos), **excesso de produção** de mercadorias desnecessárias, **estoques** de mercadorias à espera de processamento ou consumo, **processamento desnecessário**, **movimento desnecessário** (de pessoas), **transporte desnecessário** (de mercadorias) e **espera** (dos funcionários pelo equipamento de processamento para finalizar o trabalho ou por uma atividade anterior)". Womack e Jones acrescentaram a essa lista "o projeto de produtos e serviços que não atendem às necessidades do cliente"[3]. A **Figura 1.3** apresenta os benefícios da redução de desperdícios e a **Figura 1.4** mostra alguns exemplos de desperdícios em áreas administrativas e de prestação de serviços.

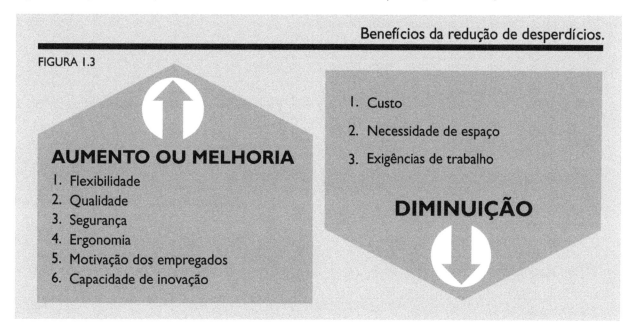

FIGURA 1.3 — Benefícios da redução de desperdícios.

AUMENTO OU MELHORIA
1. Flexibilidade
2. Qualidade
3. Segurança
4. Ergonomia
5. Motivação dos empregados
6. Capacidade de inovação

DIMINUIÇÃO
1. Custo
2. Necessidade de espaço
3. Exigências de trabalho

Exemplos de desperdícios em áreas administrativas e de prestação de serviços.

FIGURA 1.4

Tipo de desperdício	Exemplos
Defeitos	Erros em faturas, pedidos, cotações de compra de materiais.
Excesso de produção	Processamento e/ou impressão de documentos antes do necessário, aquisição antecipada de materiais.
Estoques	Material de escritório, catálogos de vendas, relatórios.
Processamento desnecessário	Relatórios não necessários ou em excesso, cópias adicionais de documentos, reentrada de dados.
Movimento desnecessário	Caminhadas até o fax, copiadora, almoxarifado.
Transporte desnecessário	Anexos de e-mails em excesso, aprovações múltiplas de um documento.
Espera	Sistema fora do ar ou lento, ramal ocupado, demora na aprovação de um documento.

Os princípios do *Lean Thinking* são:
- Especificar o **valor** – aquilo que o cliente valoriza.
- Identificar o **fluxo de valor**.
- Criar **fluxos contínuos**.
- Operar com base na **produção puxada**.
- Buscar a **perfeição**.

Já as principais ferramentas usadas para colocar em prática os princípios do *Lean Thinking* são:
- Mapeamento do Fluxo de Valor.
- Métricas *Lean*.
- *Kaizen*.
- *Kanban*.
- Padronização.
- 5S.
- Redução de *Setup*.
- *TPM* (*Total Productive Maintenance*).

- Gestão Visual.
- *Poka-Yoke* (*Mistake Proofing*).

◆ O *Lean Manufacturing* é bastante difundido?

Nos últimos anos, o número de empresas praticantes do *Lean Manufacturig* vem aumentando significativamente em todos os setores industriais e de serviços. No entanto, vale destacar que a adoção do *Lean Manufacturing* representa um processo de mudança de cultura da organização e, portanto, não é algo fácil de ser alcançado. O fato de a empresa utilizar ferramentas *Lean* não significa, necessariamente, que foi obtido pleno sucesso na implementação do *Lean Manufacturing*.

Capítulo 2.

Integração *Lean* & Seis Sigma: muito barulho por nada?

"Quando é necessário mudar? Antes que seja necessário."

Claus Miller

- **Como ocorre a integração entre o *Lean Manufacturing* e o Seis Sigma?**

A integração entre o *Lean Manufacturing* e o Seis Sigma é natural: a empresa pode – e deve – usufruir os pontos fortes de ambas estratégias. Por exemplo, o *Lean Manufacturing* não conta com um método estruturado e profundo de solução de problemas e com ferramentas estatísticas para lidar com a variabilidade, aspecto que pode ser complementado pelo Seis Sigma. Já o Seis Sigma não enfatiza a melhoria da velocidade dos processos e a redução do *lead time*, aspectos que constituem o núcleo de *Lean Manufacturing*.

A **Figura 2.1**[1] mostra como o Seis Sigma e o *Lean* contribuem, conjuntamente, para a melhoria dos processos.

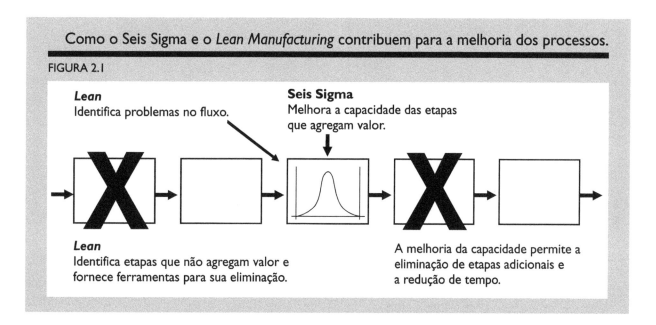

Como o Seis Sigma e o *Lean Manufacturing* contribuem para a melhoria dos processos.
FIGURA 2.1

O programa resultante da integração entre o Seis Sigma e o *Lean Manufacturing*, por meio da incorporação dos pontos fortes de cada um deles, é denominado **Lean Seis Sigma**, uma estratégia mais abrangente, poderosa e eficaz que cada uma das partes individualmente, e adequada para a solução de todos os tipos de problemas relacionados à melhoria de processos e produtos (**Figura 2.2**).

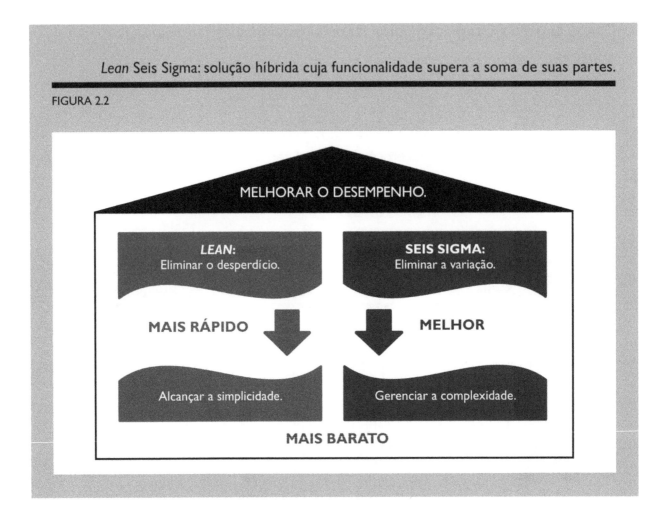

FIGURA 2.2 — Lean Seis Sigma: solução híbrida cuja funcionalidade supera a soma de suas partes.

- Será que não estamos fazendo "muito barulho por nada" no modo como estamos tratando a integração entre o *Lean Manufacturing* e o Seis Sigma?

A **Figura 2.3** mostra o que realmente interessa às empresas: **melhorar o desempenho da forma mais abrangente e sustentável possível**. Para o alcance desse objetivo, é necessária a adoção de um sistema de gestão do negócio. O *Lean* e o Seis Sigma podem, portanto, ser visualizados como "ferramentas" úteis para o funcionamento dos sistemas de melhoria, inovação e gerenciamento da rotina que integram o sistema de gestão do negócio. Na **Figura 2.3** o *Lean* e o Seis Sigma foram apresentados em destaque associados ao sistema de melhoria, que é a visão mais tradicionalmente difundida para o uso das metodologias.

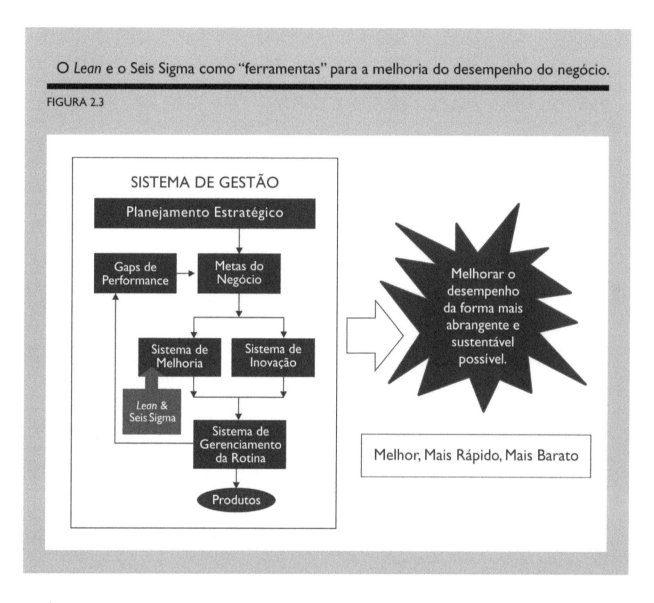

FIGURA 2.3 O *Lean* e o Seis Sigma como "ferramentas" para a melhoria do desempenho do negócio.

É então possível dizer que há uma perda de foco (**Figura 2.4**) quando concentramos muito de nossa atenção na busca de uma "forma padrão" para o uso integrado do *Lean* e do Seis Sigma, bem como de outras metodologias da qualidade. Na verdade, não existe essa "forma padrão": cada empresa deve adotar o procedimento mais adequado à sua cultura, **desde que sejam respeitados os requisitos básicos do *Lean* e do Seis Sigma, necessários ao seu êxito**. Por exemplo, há empresas que – com muito sucesso! – adotaram o *Total Productive Maintenance TPM* como base de seu sistema de gestão e empregaram o *Lean* e o Seis Sigma como ferramentas do pilar "eficiência" do *TPM*. Os mais tradicionalistas podem se assustar com essa abordagem, dado que o *TPM* é visto como uma ferramenta do *Lean*. No entanto, analisando a essência da questão, percebemos que não há nada de errado nessa estratégia.

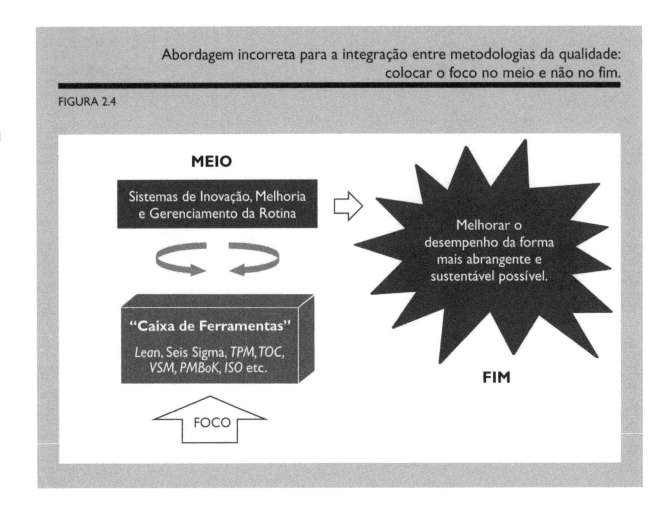

FIGURA 2.4 — Abordagem incorreta para a integração entre metodologias da qualidade: colocar o foco no meio e não no fim.

- **Existe um *roadmap* para a implementação integrada do Lean e do Seis Sigma, caso a empresa não possua nenhuma das iniciativas?**

A **Figura 2.5** mostra as macroetapas do *roadmap* e a **Figura 2.6** apresenta os fatores críticos para o sucesso da implementação. O detalhamento do *roadmap* é específico à cultura da empresa.

FIGURA 2.5 — *Roadmap* para a implementação integrada do *Lean* e do Seis Sigma, caso a empresa não possua nenhuma das iniciativas.

ETAPA	DESCRIÇÃO
Avaliar a Performance.	Estabelecer a necessidade da mudança e avaliar o quanto a organização está preparada para fazer essa mudança. **Resultados:** Lista inicial de oportunidades, incluindo benefícios financeiros, para posterior priorização e execução.
Planejar as Melhorias.	Estabelecer e comunicar as metas da implementação do *Lean* Seis Sigma (LSS). **Resultados:** Comitê-guia do LSS; Método para seleção e priorização de projetos; Padrão para cálculo dos ganhos financeiros; Procedimento para seleção e treinamento dos patrocinadores e especialistas do LSS.
Possibilitar a Execução.	Elaborar, divulgar e implantar procedimentos e políticas para estabelecer a infraestrutura para a mudança. **Resultados:** Treinamento dos patrocinadores e especialistas; Estabelecimento de canais de comunicação interna para divulgação do LSS; Integração de outros programas de melhoria vigentes ao LSS.
Executar os Projetos.	Executar os projetos (*DMAIC* e *Kaizen*) priorizados. **Resultados:** Alcance de ganhos financeiros (validados pela controladoria); Desenvolvimento das habilidades (*hard and soft skills*) dos patrocinadores e especialistas; Replicação de projetos.
Manter as Melhorias.	Garantir a perpetuação dos ganhos alcançados e consolidação da "Cultura LSS", realizando auditorias periódicas e reenergizando o programa. **Resultados:** Aprimoramento contínuo do LSS.

> **FIGURA 2.6** Fatores críticos para o sucesso do *Lean* Seis Sigma.
>
> - Engajamento da liderança.
> - Alinhamento dos objetivos do *Lean* Seis Sigma às prioridades estratégicas do negócio, geralmente com forte foco nos resultados financeiros.
> - Gerenciamento estratégico do processo de mudança associado à implementação do *Lean* Seis Sigma.
> - Ampla comunicação sobre o programa, em todos os níveis da empresa.
> - Criação de uma sólida infraestrutura para apoiar a implementação.
> - Formação dos grandes talentos da empresa como especialistas do *Lean* Seis Sigma.
> - Modificação gradual dos sistemas e estruturas da empresa (processos de contratação, treinamento, reconhecimento e recompensa, por exemplo), para refletir e incentivar a cultura *Lean* Seis Sigma.
> - Dedicação adequada dos especialistas do *Lean* Seis Sigma à execução dos projetos.
> - Atualização periódica do *pipeline* de projetos *Lean* Seis Sigma.
> - Primeiros resultados dos projetos concretizados no curto prazo.
> - Integração do *Lean* Seis Sigma à realidade da empresa, especialmente a outros programas da qualidade vigentes.

- Como selecionar projetos *Lean* Seis Sigma?

A **Figura 2.7** mostra as macroetapas do processo para seleção de projetos e a **Figura 2.8** detalha a etapa "escolha do método". Detalhes sobre as demais etapas apresentadas na **Figura 2.7** podem ser encontrados no capítulo 3 do livro *Criando a Cultura Seis Sigma*[2]. O uso do *Value Stream Mapping – VSM* como ferramenta para a identificação de projetos é apresentado no capítulo 2 da obra *Lean Seis Sigma: Introdução às Ferramentas do Lean Manufacturing*[3].

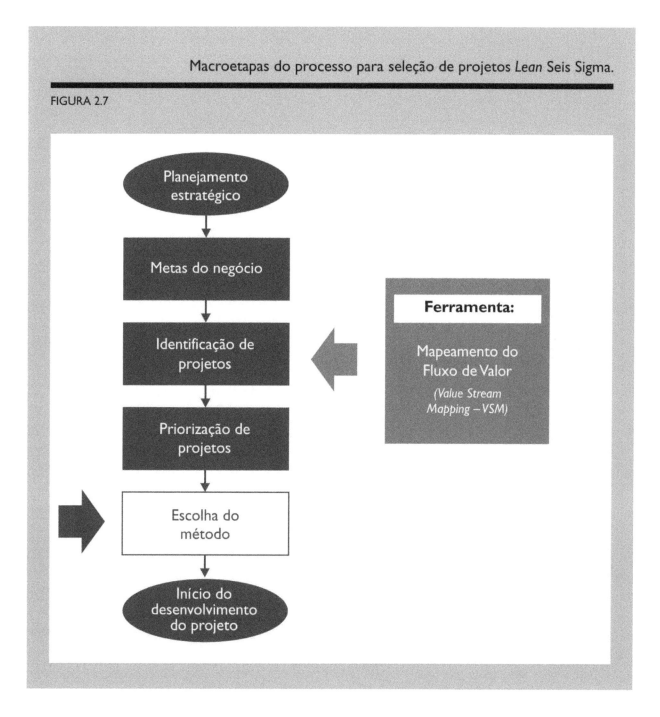

FIGURA 2.7 Macroetapas do processo para seleção de projetos *Lean* Seis Sigma.

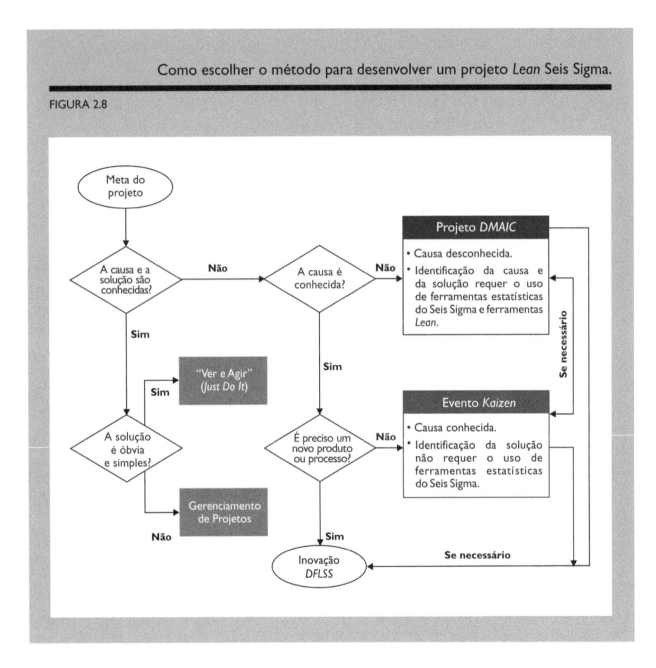

FIGURA 2.8 — Como escolher o método para desenvolver um projeto *Lean* Seis Sigma.

* **Quais são as principais dificuldades para a integração quando a empresa já possui alguma das iniciativas? Como resolver essas dificuldades?**

As **Figuras 2.9** e **2.10** mostram as principais dificuldades e sugestões de como resolvê-las. É importante destacar que as dificuldades apresentadas nas figuras foram validadas por meio de uma pesquisa qualitativa realizada, em março de 2008, junto a empresas clientes do Grupo Werkema.

Principais dificuldades quando a empresa implementou o Lean antes do Seis Sigma.

FIGURA 2.9

Dificuldades	Como resolver
Pouco conhecimento das ferramentas Seis Sigma.	Treinar os especialistas Lean como "Belts" e os gestores como Champions.
Dificuldade de visualização da utilidade e importância do Seis Sigma.	Integrar o Seis Sigma ao Lean através de: • Uso do VSM para identificar projetos "Seis Sigma". • Estruturação de ferramentas Lean segundo o DMAIC (veja a penúltima pergunta deste capítulo).
Visão preconceituosa de que o Seis Sigma é lento.	Desdobrar projetos amplos em projetos menores, para conclusão em três meses.
Dificuldade em identificar projetos "Seis Sigma".	Adoção de um procedimento padrão para a escolha do método mais adequado para a execução de cada projeto.

É imprescindível a adoção de um modelo para o gerenciamento da mudança.

Principais dificuldades quando a empresa implementou o Seis Sigma antes do Lean.

FIGURA 2.10

Dificuldades	Como resolver
Pouco conhecimento das ferramentas Lean.	Treinar os "Belts" e Champions na filosofia e nas ferramentas Lean.
Dificuldade de visualização da utilidade e importância do Lean.	Integrar o Lean ao Seis Sigma através da incorporação das ferramentas Lean às etapas do DMAIC (veja a última pergunta deste capítulo).
Aplicação pontual do Lean sem visão estratégica e global da empresa.	Usar o VSM para sair do estágio das melhorias locais para o patamar da otimização do sistema que constitui o fluxo de valor global.
Visão de que o Seis Sigma atende plenamente às necessidades da empresa.	Realizar visitas de benchmarking em empresas que adotaram o Lean Seis Sigma e treinar os "Belts" e Champions na filosofia e nas ferramentas Lean.

É imprescindível a adoção de um modelo para o gerenciamento da mudança.

♦ **Como estruturar as ferramentas *Lean* segundo o método *DMAIC*?**

As **Figuras 2.11** a **2.13** apresentam como estruturar as atividades do *Kaizen*, *Poka-Yoke* e Redução de *Setup* segundo o *DMAIC*.

FIGURA 2.11 Atividades para a condução do Kaizen estruturadas segundo o método DMAIC.

Etapa do DMAIC	Objetivo	Atividade do Kaizen	Comentários	Quando executar	Tempo de dedicação da equipe	Principais ferramentas[3]
D	Define: definir com precisão o escopo do Kaizen e preparar o evento.	Descrever o problema e definir a meta.	O escopo do projeto deve ser definido da forma mais clara possível, com a participação do líder do Kaizen.	Semana de preparação do evento Kaizen	Dedicação parcial: cerca de 10%.	• Project Charter • Gráfico Sequencial • SIPOC • Métricas do Seis Sigma • Folha de Verificação • Mapeamento do Fluxo de Valor • Métricas Lean
		Definir o líder do Kaizen.	O líder não deve ser um gestor.			
		Selecionar e notificar os participantes.	O tamanho ideal da equipe é 6 a 8 participantes: pelo menos 2 membros do staff da área do projeto, 1 supervisor, representantes dos processos posterior (cliente) e anterior (fornecedor) e das principais áreas de suporte.			
		Definir a logística da equipe.				
		Preparar o treinamento dos participantes, se necessário.	O treinamento deve ser preparado especificamente para atender aos objetivos do projeto e ministrado nas duas primeiras horas do dia 1 do evento Kaizen.			
		Coletar e organizar as informações e dados básicos relacionados ao problema.	Os dados devem contemplar o histórico do problema, o retorno econômico e o impacto sobre os clientes (internos e externos). Informações tais como local de armazenagem do trabalho em processo, instruções de trabalho e layout da área do processo também são importantes.			
		Tomar providências para que o trabalho de rotina não seja prejudicado durante a realização do evento Kaizen.	Devem ser adotadas medidas similares às empregadas quando os participantes estão de férias. Poderá ser necessário planejar algum estoque provisório, caso haja interrupções na produção.			
		Planejar a participação dos gestores.	Os gestores devem participar do lançamento (kickoff) do evento, da reunião de revisão que ocorre no meio da semana e da apresentação final.			
		Notificar as áreas de suporte da empresa.	Provavelmente será necessário o envolvimento direto das áreas de tecnologia da informação e manutenção.			

FIGURA 2.11 — Atividades para a condução do *Kaizen* estruturadas segundo o método *DMAIC*. (continuação)

Etapa do DMAIC	Objetivo	Atividade do *Kaizen*	Comentários	Quando executar	Tempo de dedicação da equipe	Principais ferramentas[2]
M	*Measure*: determinar o foco do problema.	Validar o mapa do fluxo de valor do processo.	A equipe deverá visitar a área do projeto e conversar com os empregados que operam o processo.	Semana de preparação e dia 1 do evento *Kaizen*	Dedicação total: 100%.	• Estratificação • Plano para Coleta de Dados • Folha de Verificação • Diagrama de Pareto • Histograma • Métricas do Seis Sigma • Mapeamento do Fluxo de Valor • Métricas *Lean*
M		Observar o local de ocorrência do problema e coletar dados relevantes.	A equipe deverá responder a pergunta: que resultados devem ser medidos para a obtenção de dados úteis à focalização do problema?			
A	*Analyze*: determinar as causas do problema.	Determinar as causas fundamentais (causas-raiz) e fontes de desperdício.	Nesta etapa é muito importante a realização de um *Brainstorming*.	Dias 2 e 3 do evento *Kaizen*.	Dedicação total: 100%.	• *Brainstorming* • Cinco Por Ques • Diagrama de Causa e Efeito • Diagrama de Matriz • Matriz de Priorização
A		Determinar as melhorias no processo para eliminar as atividades que não agregam valor.	Devem ser escolhidas as melhorias que produzam o máximo de impacto com o mínimo de esforço.			
I	*Improve*: implementar as soluções para o problema.	Elaborar uma lista de ações para a implementação das melhorias.	As ações devem ser distribuídas entre os membros da equipe.	Dias 3 e 4 do evento *Kaizen*.	Dedicação total: 100%.	• *Brainstorming* • Diagrama de Causa e Efeito • 5W2H • Folha de Verificação • Diagrama de Pareto • Histograma • Métricas do Seis Sigma • Mapeamento do Fluxo de Valor • Métricas *Lean* • Poka-Yoke • TPM • Kanban • Gestão Visual • Redução de *Setup* • 5S
I		Executar as ações, treinar os empregados envolvidos, verificar os resultados e efetuar ajustes, caso necessário.	Para a verificação dos resultados devem ser usados dados coletados antes e após a implementação das melhorias.			
C	*Control*: garantir que o alcance da meta seja mantido a longo prazo.	Padronizar as alterações realizadas no processo em consequência das melhorias.	Criar procedimentos operacionais padrão para documentar e manter as melhorias.	Dias 4 e 5 do evento *Kaizen*.	Dedicação total: 100%.	• Métricas do Seis Sigma • Mapeamento do Fluxo de Valor • Métricas *Lean* • Procedimentos Operacionais Padrão • Poka-Yoke • TPM • Kanban • Gestão Visual • Redução de *Setup* • 5S
C		Desenvolver um plano para monitoramento da performance do processo.	Devem ser definidas métricas para o monitoramento da performance, bem como a frequência de verificação.			
C		Apresentar os resultados do *Kaizen* aos gestores (apresentação final).	O sucesso da equipe deve ser comemorado, sendo indicada a distribuição de brindes (camisetas, canetas, certificados etc.) aos participantes.			
C		Realizar o *follow-up* do evento *Kaizen*.	Deve ser elaborado um plano para a implementação, nos próximos dias, das ações restantes (que não podem ser finalizadas durante o evento). Após a conclusão de todas as ações, deve ser redigido um relatório final.	Período de *follow-up* do evento *Kaizen* (15 a 20 dias).	Dedicação parcial: de 10% a 30%.	

Atividades da Redução de Setup

FIGURA 2.12

Etapa do DMAIC	Atividades	Comentários
Define / **Measure**	Documentar todos os procedimentos de *setup* e classificá-los como internos ou externos.	Deve ser usada uma folha de verificação (**Figura 8.3**) para a documentação dos procedimentos realizados durante o *setup*. A filmagem de toda a operação de *setup* também é recomendada, bem como o desenho do *layout* da área, para a determinação dos movimentos realizados durante os procedimentos de *setup*. Nessa etapa são identificadas e documentadas as oportunidades para melhoria do tempo de *setup*. Para esse fim, recomenda-se a realização de um *Brainstorming*.
Analyze / **Improve**	Converter o máximo possível de procedimentos internos em externos.	Deve ser examinada a real função dos procedimentos que atualmente são realizados como *setup* interno para que possa ser feita a conversão para *setup* externo. Um exemplo é passar a realizar o preaquecimento de itens que, anteriormente, eram aquecidos após o início do *setup*.
	Agilizar os procedimentos internos restantes.	Devem ser consideradas, por exemplo, alterações que simplifiquem, reduzam ou eliminem movimentos.
Control	Eliminar os testes de funcionamento (*trial runs*) e ajustes e padronizar a nova forma de trabalho.	Devem ser adotados dispositivos *Poka-Yoke* que impeçam a ocorrência de erros, tais como centralizações, definições e dimensionamentos incorretos. A intuição e as conjecturas devem ser substituídas por fatos e dados. Nessa fase, deve ser construído um Diagrama de Barras comparando o tempo de *setup* antes e depois da redução (**Figura 8.4**).

Etapas para criação de um dispositivo *Poka-Yoke*.

FIGURA 2.13

Etapas do *DMAIC*	Etapas para a criação de um dispositivo *Poka-Yoke*
Define	1. Constituir a equipe de trabalho.
	2. Descrever o defeito cuja ocorrência deseja-se eliminar.
Measure	3. Identificar a etapa do processo que pode originar o defeito.
Analyze	4. Descrever detalhadamente os procedimentos operacionais padrão utilizados para a realização da etapa do processo.
	5. Identificar os erros que podem ocorrer durante o cumprimento dos procedimentos operacionais padrão e dar origem ao defeito.
Improve	6. Gerar ideias de dispositivos ou procedimentos para a eliminação ou detecção da ocorrência de cada tipo de erro.
	7. Testar em pequena escala os dispositivos ou procedimentos identificados na etapa anterior e escolher a melhor alternativa.
Control	8. Implementar em larga escala o dispositivo ou procedimento selecionado e padronizar as alterações.

- **Como incorporar as ferramentas *Lean* às etapas do método *DMAIC*?**

A integração das ferramentas *Lean* – e também das ferramentas Seis Sigma – às etapas do *DMAIC* é mostrada nas **Figuras 2.14** a **2.18**[4].

FIGURA 2.14 — Etapa *Define* do método *DMAIC*.

D	Atividades	Ferramentas
Define : definir com precisão o escopo do projeto.		• Mapa de Raciocínio (Manter atualizado durante todas as etapas do *DMAIC*)
	Descrever o problema do projeto e definir a meta.	• *Project Charter*
	Avaliar: histórico do problema, retorno econômico, impacto sobre clientes / consumidores e estratégias da empresa.	• *Project Charter* • Métricas do Seis Sigma • Gráfico Sequencial • Carta de Controle • Análise de Séries Temporais • Análise Econômica (Suporte do departamento financeiro/controladoria) • Métricas *Lean*
	Avaliar se o projeto é prioritário para a unidade de negócio e se será patrocinado pelos gestores envolvidos.	
	O projeto deve ser desenvolvido? NÃO → Selecionar novo projeto. SIM ▼	
	Definir os participantes da equipe e suas responsabilidades, as possíveis restrições e suposições e o cronograma preliminar.	• Project *Charter*
	Identificar as necessidades dos principais clientes do projeto.	• Voz do Cliente - *VOC* (Voice of the Customer)
	Definir o principal processo envolvido no projeto.	• SIPOC • Mapeamento do Fluxo de Valor (VSM)

FIGURA 2.14   Etapa *Define* do método *DMAIC*.   (continuação)

Perguntas-chave do *Define*

- Qual é o problema / oportunidade?
- Qual indicador será utilizado para medir o resultado do projeto?
- Existem dados confiáveis para levantamento do histórico? Por que os dados foram classificados como confiáveis (ou como não confiáveis)? Caso os dados não sejam confiáveis, como será possível levantar o histórico do problema / oportunidade?
- Como o indicador vem se comportando historicamente?
- Qual é a meta?
- Quais são as perdas resultantes do problema?
- Quais são os ganhos potenciais do projeto?
- O projeto deve ser desenvolvido?
- Qual equipe desenvolverá o projeto?
- Quais são as restrições e suposições?
- Qual é o cronograma do projeto?
- Qual é o escopo do projeto?
- Qual é o principal processo envolvido?
- O projeto está alinhado com o *Champion* (contrato de trabalho)?

Etapa *Measure* do método *DMAIC*.

FIGURA 2.15

M	Atividades	Ferramentas
Measure: determinar a localização ou foco do problema.	Decidir entre as alternativas de coletar novos dados ou usar dados já existentes na empresa.	• Avaliação de Sistemas de Medição / Inspeção *(MSE)*
	Identificar a forma de estratificação para o problema.	• Estratificação
	Planejar a coleta de dados.	• Plano para Coleta de Dados • Folha de Verificação • Amostragem
	Preparar e testar os Sistemas de Medição / Inspeção.	• Avaliação Sistemas de Medição / Inspeção *(MSE)*
	Coletar dados.	• Plano p/ Coleta de Dados • Folha de Verificação • Amostragem
	Analisar o impacto das várias partes do problema e identificar os problemas prioritários.	• Estratificação • Diagrama de Pareto • Mapeamento do Fluxo de Valor *(VSM)* • Métricas *Lean*
	Estudar as variações dos problemas prioritários identificados.	• Gráfico Sequencial • Carta de Controle • Análise de Séries Temporais • Histograma • *Boxplot* • Índices de Capacidade • Métricas do Seis Sigma • Análise Multivariada • Mapeamento do Fluxo de Valor *(VSM)* • Métricas *Lean*
	Estabelecer a meta de cada problema prioritário.	• Cálculo Matemático • *Kaizen*
	A meta pertence à área de atuação da equipe? **NÃO** → Atribuir à área responsável e acompanhar o projeto para o alcance da meta. **SIM** ↓	

FIGURA 2.15 — Etapa *Measure* do método *DMAIC*. (continuação)

Perguntas-chave do *Measure*

- Como o problema pode ser estratificado? Isto é, quais são os fatores de estratificação?
- Existem dados históricos confiáveis para a estratificação do problema? Como esses dados foram coletados?
- Caso não existam dados históricos, como os novos dados serão coletados?
- Quais são os focos do problema (estratos mais significativos)?
- Como os focos se comportam ao longo do tempo (análise de variação dos focos)?
- Quais são as metas específicas para cada um dos focos do problema?
- As metas específicas são suficientes para o alcance da meta geral?
- As metas específicas pertencem à área de atuação da equipe?

Etapa *Analyze* do método *DMAIC*.

FIGURA 2.16

A	Atividades	Ferramentas
Analyze: determinar as causas do problema prioritário.	Analisar o processo gerador do problema prioritário *(Process Door)*.	• Fluxograma • Mapa de Processo • Mapa de Produto • Análise do Tempo de Ciclo • *FMEA* • *FTA* • Mapeamento do Fluxo de Valor *(VSM)* • Métricas *Lean*
	Analisar dados do problema prioritário e de seu processo gerador *(Data Door)*.	• Avaliação de Sistemas de Medição / Inspeção *(MSE)* • Histograma • *Boxplot* • Estratificação • Diagrama de Dispersão • Cartas "Multi-Vari" • Mapeamento do Fluxo de Valor *(VSM)* • Métricas *Lean*
	Identificar e organizar as causas potenciais do problema prioritário.	• *Brainstorming* • Diagrama de Causa e Efeito • Diagrama de Afinidades • Diagrama de Relações
	Priorizar as causas potenciais do problema prioritário.	• Diagrama de Matriz • Matriz de Priorização
	Quantificar a importância das causas potenciais prioritárias (determinar as causas fundamentais).	• Avaliação de Sistemas de Medição / Inspeção *(MSE)* • Carta de Controle • Diagrama de Dispersão • Análise de Regressão • Testes de Hipóteses • Análise de Variância • Planejamento de Experimentos • Análise de Tempos de Falhas • Testes de Vida Acelerados • Métricas *Lean*

FIGURA 2.16   Etapa *Analyze* do método *DMAIC*.   (continuação)

Perguntas-chave do *Analyze*

- Qual o processo gerador do problema?
- Quais são as causas potenciais que mais influenciam o problema?
- É necessário revisar o Mapa de Processo?
- As causas potenciais foram priorizadas?
- As causas potenciais foram comprovadas (quantificadas)?
- Quais são as causas fundamentais?

Etapa *Improve* do método *DMAIC*.

FIGURA 2.17

	Atividades	Ferramentas
Improve: propor, avaliar e implementar soluções para o problema prioritário.	Gerar ideias de soluções potenciais para a eliminação das causas fundamentais do problema prioritário.	• *Brainstorming* • Diagrama de Causa e Efeito • Diagrama de Afinidades • Diagrama de Relações • Mapeamento do Fluxo de Valor (VSM Futuro) • Métricas *Lean* • Redução de *Setup*
	Priorizar as soluções potenciais.	• Diagrama de Matriz • Matriz de Priorização
	Avaliar e minimizar os riscos das soluções prioritárias.	• *FMEA* • *Stakeholder Analysis*
	Testar em pequena escala as soluções selecionadas (teste piloto).	• Testes na Operação • Testes de Mercado • Simulação • *Kaizen* • Métricas *Lean* • *Kanban* • 5S • *TPM* • Redução de *Setup* • *Poka-Yoke* (Mistake-Proofing) • Gestão Visual
	Identificar e implementar melhorias ou ajustes para as soluções selecionadas, caso necessário.	• Operação Evolutiva (EVOP) • Testes de Hipóteses • Mapeamento do Fluxo de Valor (VSM Futuro) • Métricas *Lean*
	A meta foi alcançada? **NÃO** → Retornar à etapa *M* ou implementar o *Design for Six Sigma (DFSS)*. **SIM** ↓	
	Elaborar e executar um plano para a implementação das soluções em larga escala.	• 5W2H • Diagrama da Árvore • Diagrama de *Gantt* • *PERT / CPM* • Diagrama do Processo Decisório (PDPC) • *Kaizen* • Métricas *Lean* • *Kanban* • 5S • *TPM* • Redução de *Setup* • *Poka-Yoke* (Mistake-Proofing) • Gestão Visual

FIGURA 2.17 — Etapa *Improve* do método *DMAIC*. (continuação)

Perguntas-chave do *Improve*

- Quais são as possíveis soluções?
- Será necessário priorizar as soluções?
- As soluções priorizadas apresentam algum risco?
- Será necessário testar as soluções?
- Como os testes serão executados?
- Quais os resultados dos testes?
- Qual o plano de ação para implementar as soluções em larga escala?
- As ações foram implementadas conforme planejado?
- As metas específicas foram alcançadas?

FIGURA 2.18 Etapa *Control* do método *DMAIC*.

C	Atividades	Ferramentas
Control: garantir que o alcance da meta seja mantido a longo prazo.	Avaliar o alcance da meta em larga escala.	• Avaliação de Sistemas de Medição / Inspeção *(MSE)* • Diagrama de Pareto • Carta de Controle • Histograma • Índices de Capacidade • Métricas do Seis Sigma • Mapeamento do Fluxo de Valor *(VSM Futuro)* • Métricas *Lean*
	A meta foi alcançada? **NÃO** → Retornar à etapa *M* ou implementar o *Design for Six Sigma (DFSS)*. **SIM** ↓	
	Padronizar as alterações realizadas no processo em consequência das soluções adotadas.	• Procedimentos Padrão • 5S • *TPM* • *Poka-Yoke* (Mistake-Proofing) • Gestão Visual
	Transmitir os novos padrões a todos os envolvidos.	• Manuais • Reuniões • Palestras • *On the Job Training* - OJT • Procedimentos Padrão • Gestão Visual
	Definir e implementar um plano para monitoramento da performance do processo e do alcance da meta.	• Avaliação de Sistemas de Medição / Inspeção *(MSE)* • Plano p/ Coleta de Dados • Amostragem • Carta de Controle • Histograma • Índices de Capacidade • Métricas do Seis Sigma • Aud. do Uso dos Padrões • Mapeamento do Fluxo de Valor *(VSM Futuro)* • Métricas *Lean* • *Poka-Yoke* (Mistake-Proofing)
	Definir e implementar um plano para tomada de ações corretivas caso surjam problemas no processo.	• Relatórios de Anomalias • *Out of Control Action Plan* - OCAP
	Sumarizar o que foi aprendido e fazer recomendações para trabalhos futuros.	

FIGURA 2.18   Etapa *Control* do método *DMAIC*. (continuação)

Perguntas-chave do *Control*

- A meta global foi alcançada?
- Foi obtido o retorno financeiro previsto?
- Foram criados ou alterados padrões para a manutenção dos resultados?
- As pessoas das áreas envolvidas com o cumprimento dos novos padrões foram treinadas?
- Quais variáveis do processo serão monitoradas e como elas serão acompanhadas?
- Como será o acompanhamento do processo com base no sistema de monitoramento (planos de manutenção corretiva e preventiva)?
- O que foi aprendido e quais as recomendações da equipe?

Capítulo 3.
O Seis Sigma mata a inovação?

"Homens razoáveis se adaptam ao mundo. Homens não razoáveis adaptam o mundo a si. Por isso, todo progresso depende desses últimos."

George Bernard Shaw

♦ **Qual a relação entre inovação e criatividade?**

Em junho de 2007 a revista *BusinessWeek*[1] publicou uma matéria de capa sobre a 3M, na qual discutia se existe conflito, nas empresas, entre eficiência e criatividade. A pergunta trazida à baila era: "a ênfase da 3M em eficiência, sob o comando do *CEO* James McNerney (ex-executivo da GE), a transformou em uma empresa menos criativa"? Mais especificamente, a reportagem discutia a possibilidade de o Seis Sigma deixar pouco espaço para a criatividade e a inovação. Também era mencionado um artigo da publicação *Knowledge@Wharton*[2], de novembro de 2005, que questionava se o Seis Sigma conduz ao aumento da inovação incremental em detrimento da inovação investigativa/ exploratória. A repercussão da matéria da *BusinessWeek* foi muito grande, indicando ser importante analisar, com mais cuidado, a relação entre o Seis Sigma e a inovação.

O Seis Sigma, na definição da General Electric (GE), tem a função de satisfazer completamente – com lucratividade – as necessidades dos clientes, o que se traduz em acertar "o alvo" por eles estabelecido, com mínima variação. Nas palavras de Jack Welch[3], "para eliminar a variação, o Seis Sigma exige que a empresa descosture todas as suas cadeias de fornecimento e distribuição, assim como o projeto de seus produtos. O objetivo é remover qualquer elemento que possa causar desperdício, ineficiência ou aborrecimento para os clientes, como consequência de sua imprevisibilidade". Já a inovação, citando Sir Francis Bacon, "é algo novo e contrário aos hábitos, maneiras e ritos estabelecidos". Para tornar realidade uma ideia inovadora, a empresa precisa ter paixão suficiente para superar os obstáculos inevitáveis e ser tolerante quanto a correr riscos e fracassar[4].

Apesar de aparentemente conflitantes, na verdade o Seis Sigma e a inovação são complementares, sendo ambos necessários para o sucesso sustentável das organizações. Para que essa afirmação fique clara, é importante, em primeiro lugar, que se entenda a relação entre inovação e criatividade. Conforme apresentado na **Figura 3.1**, a criatividade é somente um dos atributos da inovação. "Ideias, por mais brilhantes que sejam, não bastam para tornar as empresas inovadoras. Ao contrário. É preciso método e persistência – e ideias demais só atrapalham quando não há uma estrutura capaz de absorvê-las"[5].

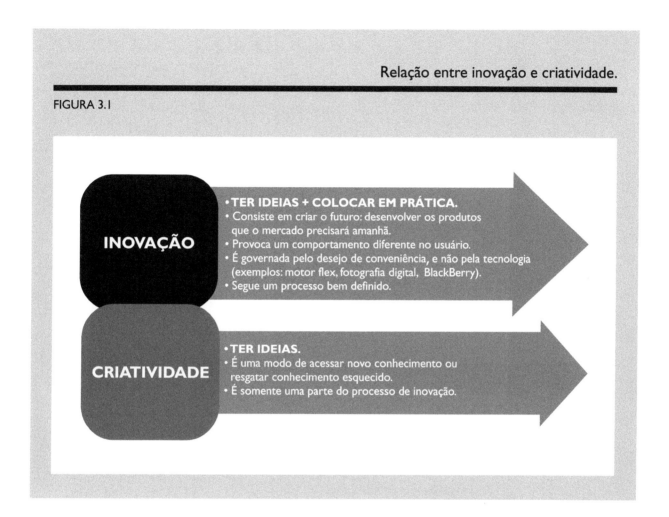

FIGURA 3.1 — Relação entre inovação e criatividade.

A inovação segue um processo, cujas etapas são mostradas na **Figura 3.2**[6], e sua análise indica que uma empresa, para ser inovadora, necessita de dois "modos de operação":

- Flexibilidade, para encontrar a oportunidade e conectar com a solução.
- Disciplina, para tornar a solução fácil de usar e lançá-la no mercado.

A necessidade de coexistência da flexibilidade e da disciplina dá origem ao paradoxo da inovação.

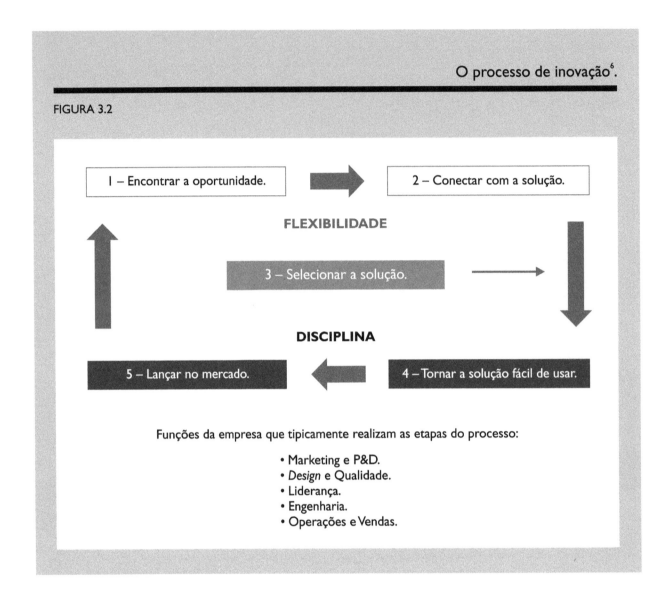

FIGURA 3.2 — O processo de inovação[6].

◆ **Como lidar com o paradoxo da inovação?**

Para resolver o paradoxo da inovação, deve ser alcançado o equilíbrio entre flexibilidade e disciplina, como mostrado na **Figura 3.3**. Um dos fatores que auxilia na obtenção desse equilíbrio é a utilização de estratégias apropriadas a cada etapa do processo. Por exemplo, o Seis Sigma, pelas suas características, é naturalmente aplicável às etapas nas quais a disciplina deve predominar. Além disso, é fundamental a alocação de pessoas com o perfil mais adequado para trabalhar em cada etapa do processo de inovação.

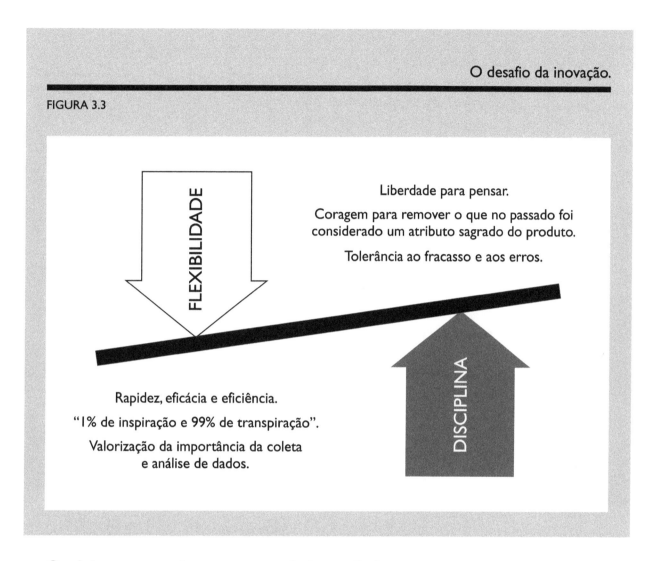

FIGURA 3.3 — O desafio da inovação.

Qual é o seu papel no processo de inovação?

Em seu livro intitulado *Innovation Generation: Creating an Innovation Process and an Innovative Culture*[7], Peter Merrill apresenta quatro papéis que as pessoas podem exercer no processo de inovação:
- Conector (*Connector*).
- Executor (*Doer*).
- Criador (*Creator*).
- Construtor (*Developer*).

A **Figura 3.4**[8] apresenta um questionário que ajuda o leitor a identificar em que papel sua contribuição pode ser mais efetiva.

Qual é o seu papel no processo de inovação?[8]

FIGURA 3.4

Instruções:

- Analise a primeira linha da tabela. Atribua 4 pontos para a frase que o descreve melhor. Repita o procedimento para as demais linhas da tabela.
- Volte para a primeira linha e proceda de modo similar, só que agora atribuindo 1 ponto para a frase em cada linha que menos o descreve.
- Finalmente, em cada linha, atribua 3 ou 2 pontos para as frases restantes – 3 pontos para a frase que é mais parecida com você e 2 pontos para a que é mais diferente (em cada linha você deverá ter um 4, um 3, um 2 e um 1).
- Calcule o total de cada coluna.
- A coluna com o maior total indica em que papel sua contribuição para o processo de inovação pode ser mais efetiva.

1	Gosto de encontrar respostas.	Gosto de terminar.	Gosto de explorar/investigar.	Gosto que as coisas funcionem.
2	Preciso entender uma questão.	Faço as coisas funcionarem.	Vejo ambos os lados de uma questão.	Deve haver uma resposta certa.
3	Não me diga o que fazer.	Dê-me fatos, não teoria.	Crio escolhas.	Gosto de analisar dados.
4	Tenho a mente aberta.	Convenço pessoas.	Tenho muitas ideias.	Encontro um ponto fraco.
5	"Ligo os pontos".	Faço as coisas acontecerem.	Gosto de possibilidades.	Trago as coisas para o "cair na real".
6	Um conceito deve ser sólido.	Gosto de "energia".	Não me preocupo à toa com detalhes.	Gosto de precisão.
7	Não gosto de confusão.	Evito teoria.	Evito decisões.	Não gosto de fracasso.
8	Penso até resolver a questão.	Corro riscos.	Gosto de ouvir sobre os problemas.	Eu foco.
9	Gosto de soluções.	Gosto de resultados finais.	Gosto de oportunidades.	Gosto de simplificação.
10	Quero ser dono do problema.	Encontro um modo que funcione.	Gosto do quadro geral.	Sou meticuloso.
11	Gosto de definir o problema.	Quero consenso.	Descubro os fatos.	Eu planejo.
12	Quero ideias.	Quero tentar coisas novas.	Quero espaço.	Quero estrutura.
	Total	Total	Total	Total

Resultado:
- Coluna 1: Conector *(Connector)*.
- Coluna 2: Executor *(Doer)*.
- Coluna 3: Criador *(Creator)*.
- Coluna 4: Construtor *(Developer)*.

Segundo Merrill, criadores geram oportunidades, conectores associam oportunidades a soluções, construtores tornam as soluções práticas e executores implementam as soluções. Criadores e executores são práticos, enquanto conectores e construtores são pensadores (veja a **Figura 3.5**).

FIGURA 3.5 — Papéis no processo de inovação.

Papel	Características
Criador	• Encontra e desbrava a oportunidade. • É uma pessoa que aprende pela experiência prática. • Geralmente é um artista, pesquisador ou profissional do marketing. • A mente do criador não gosta de fronteiras e se move de uma oportunidade para outra.
Conector	• Define o problema encontrado pelo criador e o conecta a soluções. • É um tipo raro e aprende pelo raciocínio. • Frequentemente trabalha em P&D, *design*, planejamento estratégico ou gestão da qualidade. • O conector vive à base de uma "dieta" de problemas para resolver. • O conector é um pensador – portanto, a implementação da solução não é o seu ponto forte.
Construtor	• Faz a ideia funcionar. • Aprende pelo raciocínio. • Frequentemente é um engenheiro, contador ou analista de sistemas. • Precisa de um problema específico para trabalhar e esse problema não pode ser ambíguo.
Executor	• Lança o produto no mercado e finaliza o trabalho. • É uma pessoa que aprende pela experiência prática. • Geralmente é um gerente de projetos, vendedor ou profissional da produção. • Gosta de situações novas e precisa "colocar a mão na massa". • Seu desafio é entregar a solução nas mãos do cliente/consumidor.

É fundamental ter uma mistura adequada de tipos de pessoas em todas as etapas do processo de inovação. Por exemplo, na etapa 4 – tornar a solução fácil de usar, isto é, transformar ideias em soluções práticas – é importante que a equipe seja constituída por um número apropriado de pessoas que tenham alcançado um escore elevado para o papel de construtor. A diversidade de integrantes pode criar tensão na equipe, mas ela é fundamental para o questionamento das ideias.

Alguns possíveis pontos de tensão são:
- O criador pensa que o construtor não vê o todo e o construtor pensa que o criador não é focado.
- O conector e o executor são opostos.

A **Figura 3.6** apresenta a correspondência entre os papéis e as etapas do processo de inovação. Nessa figura também é mostrado onde ocorre a contribuição natural do Seis Sigma.

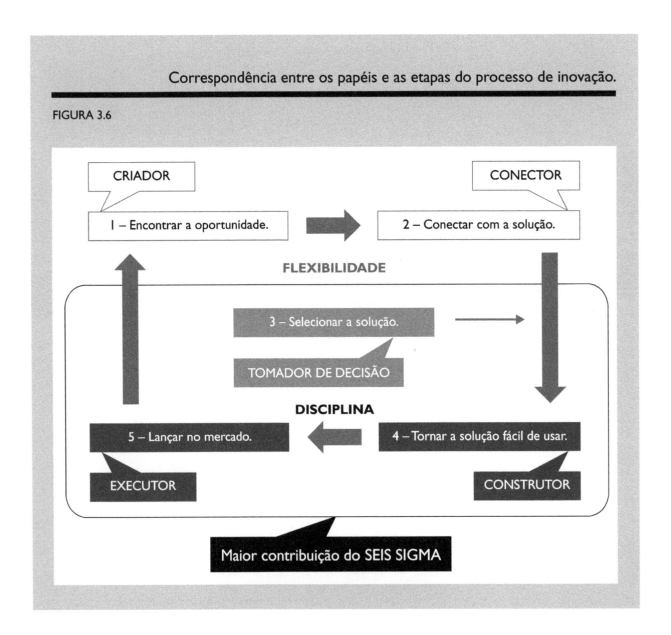

Correspondência entre os papéis e as etapas do processo de inovação.

FIGURA 3.6

◆ **Como o Seis Sigma favorece a inovação?**

Conforme apresentado na **Figura 3.6**, pela sua natureza, o Seis Sigma torna mais eficazes e eficientes as etapas do processo de inovação nas quais é necessário o predomínio da disciplina. A **Figura 3.7**[9] apresenta outra forma para a visualização de como o Seis Sigma favorece a inovação. O Seis Sigma ajuda a empresa a fabricar produtos (bens e serviços) que atendam ou superem as expectativas dos clientes, promovendo sua fidelização, o que é a base para que a empresa possa crescer – com lucratividade – por meio da inovação. Reduzindo a variação em processos e produtos – e os custos dessa variação –, o Seis Sigma também libera recursos que podem ser investidos na inovação. Ao tornar mais previsível a execução de uma nova ideia, o Seis Sigma auxilia a reduzir os riscos inerentes à inovação.

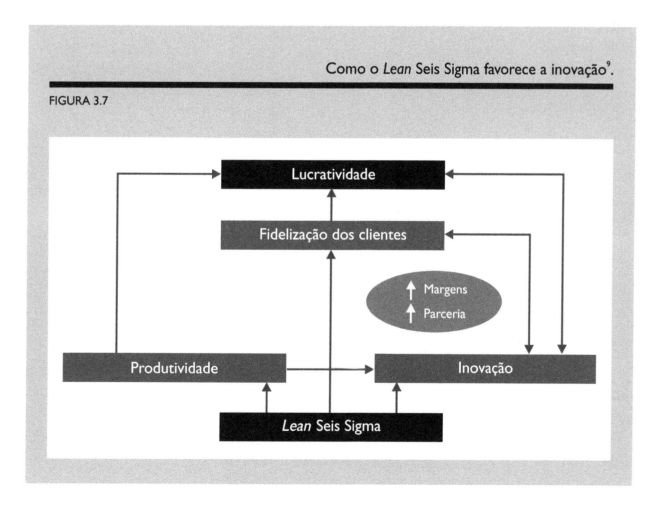

FIGURA 3.7 — Como o *Lean* Seis Sigma favorece a inovação[9].

A **Figura 3.8** apresenta os treze primeiros nomes da lista das cinquenta empresas mais inovadoras do mundo, segundo pesquisa da *BusinessWeek-Boston Consulting Group*[10]. É imediato perceber que fazem parte dessa lista diversas empresas que implementaram, com sucesso, o Seis Sigma.

FIGURA 3.8 — Lista das 50 empresas mais inovadoras do mundo, segundo pesquisa da *BusinessWeek-Boston Consulting Group*[10].

Empresa	Posição em 2007	Posição em 2006
Apple	1	1
Google	2	2
Toyota Motor	3	4
General Electric	4	6
Microsoft	5	5
Procter & Gamble	6	7
3M	7	3
Walt Disney Co.	8	43
IBM	9	10
Sony	10	13
Wal-Mart	11	20
Honda Motor	12	23
Nokia	13	8

No entanto, é importante deixar claro que o Seis Sigma não é uma panaceia e que não pode ser implementado cegamente, sem que seja adaptado à realidade e às características particulares de cada organização. Novamente citando Jack Welch[11], "o Seis Sigma não é para todos os cantos da empresa. Introduzi-lo à força em atividades criativas, como na redação de mensagens publicitárias, no desenvolvimento de novas campanhas de marketing ou em operações singulares, faz pouco sentido e provoca muito tumulto. O Seis Sigma foi concebido para processos internos repetitivos e para o projeto de novos produtos complexos, atividades nas quais exerce seu maior impacto."

Para o projeto de novos produtos existe o *Design for Six Sigma* (DFSS), uma extensão do Seis Sigma que surgiu na *GE* ao final da década de 1990. O primeiro produto completamente projetado e desenvolvido por meio do *DFSS* foi o *LightSpeed*, na *GE Medical Systems* (GEMS). O *LightSpeed* é um aparelho para tomografia computadorizada, entregue aos clientes em 1998. É uma inovação que simplesmente revolucionou a tomografia computadorizada. Uma tomografia completa do corpo de um paciente, vítima de traumatismo (para quem tempo significa vida ou morte), leva 32 segundos com o *LightSpeed* (versão 1998), enquanto um aparelho convencional demandaria dez minutos ou mais. Além disso, as imagens obtidas por meio do *LightSpeed* são muito mais claras. Em outras palavras, a maior velocidade e a melhor qualidade da imagem permitem que os médicos, com o *LightSpeed*, executem diagnósticos e tratamentos de modo muito mais acurado e com maior grau de confiabilidade. Quanto ao retorno para a GEMS, as vendas chegaram a 60 milhões de dólares nos primeiros 90 dias após o lançamento do aparelho[12].

Portanto, não há dúvidas de que o Seis Sigma – usado adequadamente – e a inovação andam de mãos dadas e, mais que isso, o Seis Sigma pode ajudar a promover a inovação.

Capítulo 4.
O que é certificação de *Belts* do Seis Sigma?

"Mudança é o processo no qual o futuro invade nossas vidas."

Alvin Toffler

Muitas empresas que já estão implementando o Seis Sigma ou *Lean* Seis Sigma, ou que estão avaliando a possibilidade de adotá-lo, bem como vários profissionais treinados no programa, têm dúvidas sobre a forma de certificação dos *Green Belts*, *Black Belts* e *Master Black Belts*. Com o objetivo de auxiliá-los, apresentamos a seguir as respostas para as perguntas mais frequentes sobre a certificação de *"Belts"*.

◆ O que é certificação de *Black Belts* e *Green Belts*?

A certificação de *"Belts"* é uma certificação de indivíduos treinados na metodologia Seis Sigma, e não de um sistema de gerenciamento da qualidade, como, por exemplo, a ISO 9001:2000. Sendo assim, não existem requisitos oficiais e padronizados que devam ser atendidos para que uma empresa de consultoria ou qualquer outra organização possa certificar *"Belts"*. Ou seja, qualquer empresa pode certificar de acordo com seus próprios critérios.

No entanto, para que uma certificação seja respeitada, cada vez mais vem se tornando consenso que, na avaliação de desempenho de cada candidato a *Black Belt* ou *Green Belt*, devam ser considerados os seguintes aspectos:
- Compreensão do método e das ferramentas Seis Sigma (desempenho nos cursos de formação, no desenvolvimento dos projetos práticos e em testes de avaliação).
- Conclusão dos projetos práticos com geração de resultados significativos e tangíveis (a avaliação do retorno econômico dos projetos deverá ser validada pela diretoria financeira/controladoria da empresa).
- Raciocínio crítico e capacidade de síntese e comunicação de ideias.
- Capacidade para conduzir mudanças organizacionais, com a demonstração de habilidades de liderança, relacionamento interpessoal, trabalho em equipe e comunicação.

Portanto, tornar-se um *"Belt"* certificado exige mais que unicamente passar em um exame! A análise dos aspectos acima também nos mostra que a organização ao qual o candidato pertence está na melhor posição para determinar quão eficaz ele é na aplicação da metodologia Seis Sigma. E, é claro que, quanto maiores forem o reconhecimento e a credibilidade dessa organização, maior será o valor ou mérito da certificação. Isso já é algo esperado, visto que, de modo geral, a credibilidade de uma certificação está diretamente ligada à credibilidade do organismo certificador.

A avaliação de desempenho de cada candidato a *"Belt"* é usualmente feita em conjunto pelos orientadores – muitas vezes, consultores externos – e gestores envolvidos nos projetos desenvolvidos pelo candidato. Um exemplo de matriz para avaliação de *Black Belts* com vistas à certificação é apresentado na **Figura 4.1**.

Vale destacar que, atualmente, mesmo profissionais que já possuem certificados emitidos por consultorias respeitadas pelo mercado ou por outras empresas conceituadas (tais como General Electric, Motorola, Sony, Xerox, American Express, entre outras) têm se interessado em obter a certificação pela American Society for Quality – ASQ (www.asq.org), cujas certificações são mundialmente reconhecidas. Além disso, as certificações da *ASQ* também têm atuado como parâmetro de comparação dos "*Belts*" que trabalham em diferentes *sites* de uma mesma empresa que possui unidades de negócio em várias partes do mundo.

Exemplo de matriz para avaliação de candidatos a *Black Belts*[1].

FIGURA 4.1 — Elaborada por Jorge Cardoso *

Avaliação de candidatos a *Black Belts*	Turma:	Avaliação nº:	Data da avaliação pelo consultor:
Nome do candidato:		Ramal:	
Empresa/unidade:		*Champion*:	Data da avaliação pelo *Champion*:
Consultor orientador:			

1. Competência técnica na aplicação das ferramentas	Champion	Consultoria
	(-)1 a 5 (+)	
1.1 Pensamento crítico (Mapa de Raciocínio)		
1.2 Domínio técnico das ferramentas		
1.3 Aplicação apropriada da metodologia		
1.4 Aspectos do desenvolvimento dos projetos		
1.4.1 Resultados sustentáveis no tempo		
1.4.2 Ganhos da empresa resultantes dos conhecimentos gerados pelo projeto		
Subtotal		
TOTAL		

2. Habilidades comportamentais	Champion	Consultoria
	(-)1 a 5 (+)	
2.1 Capacidade de trabalhar em equipe		
2.2 Didática para orientar terceiros na aplicação da metodologia Seis Sigma		
2.3 Facilidade de relacionamento com pares/superiores/subordinados		
2.4 Habilidade para influenciar superiores		
2.5 Habilidade de questionamento		
2.6 Capacidade para apresentar resultados dos projetos de maneira clara e objetiva aos pares/superiores/subordinados		
Subtotal		
TOTAL		

3. Habilidades no gerenciamento de projetos	Champion	Consultoria
	(-)1 a 5 (+)	
3.1 Capacidade para elaborar projetos de forma organizada e racional		
3.2 Habilidade para conduzir e concluir projetos		
3.3 Habilidade para desenvolver projetos simultâneos		
3.4 Habilidade para dividir, de maneira sistemática, projetos complexos em etapas sequenciais de trabalho		
Subtotal		
TOTAL		
TOTAL GERAL		

Fraco	Regular	Bom	Ótimo	Ótimo com louvor
21	42	63	81	95 105

Comentários da consultoria:

Comentários do *Champion*:

* A utilização desta matriz foi devidamente autorizada pelo autor.

♦ Como é a certificação da ASQ?

A American Society for Quality – ASQ instituiu no ano 2000 seu exame para certificação de *Black Belts* e *Green Belts*. No website http://www.asq.org/certification/six-sigma/right-for-you.html são apresentadas as informações básicas sobre a certificação de *Black Belts*. O novo *Six Sigma Black Belt Certification Body of Knowledge* (BOK) para o exame da *ASQ*, que passou a ser aplicado para os realizados a partir de 20 de outubro de 2007, é apresentado em http://www.asq.org/certification/docs/sixsigma_bok_2007.pdf, e a comparação entre o antigo e o novo BOKs, em http://www.asq.org/certification/docs/sixsigma-bok-compare-0607.pdf. O exame da *ASQ* consiste em uma prova, em inglês, com quatro horas de duração e composta por 150 questões de múltipla escolha. Para a certificação, além da aprovação no exame, é necessário que o candidato tenha concluído dois projetos Seis Sigma ou apenas um, desde que, nesse último caso, possua pelo menos três anos de experiência prática na aplicação dos conhecimentos da metodologia Seis Sigma. As informações referentes aos projetos podem ser obtidas nos *websites* http://www.asq.org/certification/docs/ssbb_affidavit.pdf e http://www.asq.org/certification/faq/six-sigma-project-affidavit.html. Os critérios para a recertificação de *Black Belts* são apresentados em http://www.asq.org/certification/six-sigma/recertify.html.

O *Six Sigma Green Belt Certification Body of Knowledge* é divulgado no *website* http://www.asq.org/pdf/certification/inserts/cssgb-insert-2006.pdf. O candidato a *Green Belt* deve possuir pelo menos três anos de experiência prática na utilização do BOK.

Os conteúdos dos sete *websites* mencionados acima são transcritos, com autorização da ASQ, no final deste capítulo.

Atualmente, várias instituições brasileiras, notadamente empresas de consultoria, desenvolvem atividades relacionadas à preparação para as certificações da *ASQ*.

Na **Figura 4.3** é apresentado um resumo do BOK do exame para a certificação *Black Belt* da ASQ. Nessa figura foi utilizada a legenda de cores mostrada na **Figura 4.2** para indicar o nível de complexidade das questões do teste referentes a cada tópico, conforme definido pela ASQ[2]. Vale ressaltar que **os conhecimentos do *Lean Manufacturing* e a integração entre o *Lean* e o Seis Sigma estão contemplados no BOK da ASQ para as certificações Seis Sigma, o que está em sintonia com a tendência de integração das duas metodologias, que gerou o *Lean* Seis Sigma**.

Níveis de cognição[2], relacionados do menos para o mais complexo, usados no BOK do exame para a certificação *Black Belt* da *ASQ* apresentado na **Figura 4.3**.

FIGURA 4.2

Cor	Nível de cognição
	Lembrança: lembrar ou reconhecer terminologias, definições, fatos, ideias, materiais, padrões, sequências, metodologias, princípios etc.
	Compreensão: ler e entender descrições, comunicações, relatórios, tabelas, diagramas, instruções, normas etc.
	Aplicação: saber quando e como aplicar ideias, procedimentos, métodos, fórmulas, princípios, teorias etc.
	Análise: separar informações em suas partes constituintes e reconhecer as relações entre essas partes e como as mesmas são organizadas; identificar fatores subjacentes ou dados que se sobressaem em um cenário complexo.
	Avaliação: fazer julgamentos sobre o valor de ideias e soluções propostas, por meio da comparação da proposta com critérios ou padrões específicos.
	Criação: juntar partes ou elementos de modo a mostrar um padrão ou estrutura que anteriormente não estavam presentes de forma clara; identificar os dados ou informações presentes em um conjunto complexo que são apropriados para um exame mais aprofundado de uma situação ou para o estabelecimento de conclusões bem embasadas.

Resumo do *Body of Knowledge* do exame para a certificação *Black Belt* da ASQ.

FIGURA 4.3

Tópico do BOK	Detalhamento	
I – Implementação em toda a empresa (9 questões)	A – Visão da empresa	1 – História da melhoria contínua
		2 – Valor e bases do Seis Sigma
		3 – Valor e bases do *Lean*
		4 – Integração entre o *Lean* e o Seis Sigma
		5 – Processos e sistemas de negócios
		6 – Aplicações do *Lean* e do Seis Sigma
	B – Liderança	1 – Responsabilidades da liderança da empresa
		2 – Barreiras organizacionais
		3 – Gerenciamento de mudanças
		4 – Projetos Seis Sigma e eventos *Kaizen*
		5 – Papéis e responsabilidades no Seis Sigma
II – Gerenciamento dos processos organizacionais & medidas (9 questões)	A – Impacto sobre os *stakeholders*	
	B – Requisitos *CTx*	
	C – *Benchmarking*	
	D – Medidas da performance do negócio	
	E – Medidas financeiras	
III – Gerenciamento de times (16 questões)	A – Formação de times	1 – Tipos de times e restrições
		2 – Papéis nos times
		3 – Seleção de membros dos times
		4 – Lançamento de times
	B – Facilitação de times	1 – Motivação
		2 – Estágios dos times
		3 – Comunicação

Resumo do Body of Knowledge do exame para a certificação Black Belt da ASQ.

FIGURA 4.3 (continuação)

Tópico do BOK	Detalhamento	
III – Gerenciamento de times (16 questões)	C – Dinâmica de times	Identificar e usar várias técnicas (por exemplo, *coaching*, *mentoring*, intervenção etc.) para superar vários desafios à dinâmica do grupo, incluindo participantes dominantes ou relutantes, disputas e outras formas de divergências improdutivas, aceitação de opiniões como fatos, pressa para terminar as tarefas, distrações etc.
	D – Gerenciamento do tempo para times	Selecionar e usar várias técnicas para o gerenciamento do tempo, incluindo agendas publicadas com limite de tempo para cada atividade, cumprimento da agenda, requisição de trabalhos prévios, garantia da disponibilidade de recursos e das pessoas certas etc.
	E – Ferramentas para tomada de decisões em times	Definir, selecionar e usar ferramentas tais como *Brainstorming*, *multi-voting* etc.
	F – Ferramentas do planejamento	Definir, selecionar e usar: Diagrama de Afinidades; Diagrama de Relações; Diagrama de Árvore; Matriz de Priorização; Diagrama de Matriz; Diagrama do Processo Decisório *(PDPC)*; *PERT* ou *Activity Network Diagram (AND)*.
	G – Avaliação e recompensa da performance de times	Medir o progresso do time em relação às metas e outras métricas que sustentam o sucesso do time e reconhecer e recompensar o time pelas suas realizações.
IV – *Define* (15 questões)	A - Voz do Cliente: *VOC (Voice of the Customer)*	1 – Identificação do cliente
		2 – *Feedback* do cliente
		3 – Requisitos do cliente
	B – *Project Charter* / Plano do Projeto	1 – Declaração do problema
		2 – Escopo do projeto
		3 – Metas e objetivos
		4 – Medidas da performance do projeto

Resumo do *Body of Knowledge* do exame para a certificação *Black Belt* da ASQ.

FIGURA 4.3 (continuação)

Tópico do BOK	Detalhamento	
IV – *Define* (15 questões)	C – Acompanhamento do projeto	Identificar, desenvolver e usar ferramentas do gerenciamento de projetos, tais como gráfico de *Gantt*, *toll-gate reviews* etc. para acompanhar o progresso do projeto.
V – *Measure* (26 questões)	A – Características do processo	1 – Variáveis de *input* e *output*
		2 – Métricas do fluxo do processo
		3 – Ferramentas para análise do processo
	B – Coleta de dados	1 – Tipos de dados
		2 – Escalas de medida
		3 – Métodos de amostragem
		4 – Coleta de dados
	C – Sistemas de medição	1 – Métodos de medição
		2 – Análise de sistemas de medição
		3 – Sistemas de medição em toda a empresa
		4 – Metrologia
	D – Estatística básica	1 – Termos básicos
		2 – Teorema Central do Limite
		3 – Estatísticas descritivas
		4 – Métodos gráficos
		5 – Conclusões estatísticas válidas
	E – Probabilidade	1 – Conceitos básicos
		2 – Distribuições comumente usadas
		3 – Outras distribuições

Resumo do *Body of Knowledge* do exame para a certificação *Black Belt* da ASQ.

FIGURA 4.3 (continuação)

Tópico do BOK		Detalhamento
V – *Measure* (26 questões)	F – Capacidade de processos	1 – Índices de capacidade de processos
		2 – Índices de performance de processos
		3 – Capacidade de curto prazo e de longo prazo
		4 – Capacidade de processos para dados não normais
		5 – Capacidade de processos para dados de atributos
		6 – Estudos de capacidade de processos
		7 – Performance de processos *versus* especificações
VI – *Analyze* (24 questões)	A – Medição e modelagem de relacionamentos entre variáveis	1 – Coeficiente de correlação
		2 – Regressão
		3 – Ferramentas multivariadas
		4 – Estudos multi-vari
		5 – Análise de dados por atributos
	B – Testes de Hipóteses	1 – Terminologia
		2 – Significância estatística *versus* significância prática
		3 – Tamanho da amostra
		4 – Estimação por ponto e por intervalo
		5 – Testes para médias, variâncias e proporções
		6 – Análise de Variância (*ANOVA*)
		7 – Testes para a qualidade do ajuste (qui-quadrado)
		8 – Tabelas de Contingência
		9 – Testes não paramétricos
	C – *Failure Mode and Effects Analysis* – FMEA	Descrever o propósito e os elementos da *FMEA* e avaliar resultados de *FMEA* para processos, produtos e serviços.

Resumo do Body of Knowledge do exame para a certificação Black Belt da ASQ.

FIGURA 4.3 (continuação)

Tópico do BOK	Detalhamento	
VI – *Analyze* (24 questões)	D – Métodos adicionais de análise	1 – Análise de *gaps*
		2 – Análise de causa raiz
		3 – Análise de desperdícios
VII – *Improve* (23 questões)	A – Planejamento de Experimentos: *Design of Experiments* – DOE	1 – Terminologia
		2 – Princípios do planejamento de experimentos
		3 – Planejamento e organização de experimentos
		4 – Experimentos com um fator
		5 e 6 – Experimentos fatoriais 2k e completos
	B – Eliminação de desperdícios	Selecionar e aplicar ferramentas e técnicas para a eliminação ou prevenção de desperdícios, incluindo sistema puxado, *Kanban*, 5S, trabalho padronizado, *Poka-Yoke* etc.
	C – Redução do tempo de ciclo	Usar várias ferramentas e técnicas para a redução do tempo de ciclo, incluindo fluxo contínuo, *SMED* etc.
	D – *Kaizen* e *Blitz Kaizen*	Definir e distinguir entre os dois métodos e aplicá-los em várias situações.
	E – Teoria das restrições	Definir e descrever este conceito e seus usos.
	F – Implementação	Elaborar planos para a implementação do processo aprimorado (por exemplo, conduzir testes piloto, simulações etc.) e avaliar os resultados para selecionar a solução ótima.
	G – Análise e minimização de riscos	Usar ferramentas tais como estudos de viabilidade, análise *SWOT* etc. para analisar e minimizar riscos.
VIII – *Control* (21 questões)	A – Controle Estatístico de Processos	1 – Objetivos
		2 – Seleção de variáveis
		3 – Subgrupos racionais
		4 – Seleção de Cartas de Controle
		5 – Análise de Cartas de Controle

Resumo do *Body of Knowledge* do exame para a certificação *Black Belt* da ASQ.

FIGURA 4.3 (continuação)

Tópico do BOK		Detalhamento
VIII – *Control* (21 questões)	B – Outras ferramentas de controle	1 – Manutenção produtiva total *Total Productive Maintenance – TPM*
		2 – Gestão Visual
	C – Controles para manutenção	1 – Reanálise de sistemas de medição
		2 – Plano de Controle
	D – Manutenção das melhorias	1 – Lições aprendidas
		2 – Aplicação do plano de treinamento
		3 – Documentação
		4 – Avaliação continuada
IX – Estrutura e metodologias do *Design for Six Sigma* (DFSS) (7 questões)	A – Metodologias comuns do *DFSS*	Identificar e descrever as metodologias *DMADV* e *DMADOV*.
	B – *Design for X (DFX)*	Entender as restrições ao projeto, tais como *Design for Manufacturability*, *Design for Cost*, *Design for Maintainability* etc.
	C – Projeto e processo robusto	Descrever os elementos do projeto robusto de produtos e da tolerância estatística.
	D – Ferramentas especiais para projeto	1 – Estratégicas
		2 – Táticas

◆ **Por que um profissional busca a certificação?**

Geralmente a certificação é considerada um instrumento auxiliar para:
- Demonstração de proficiência na área de conhecimento considerada.
- Aumento da empregabilidade.
- Obtenção de aumento na remuneração.

Algumas empresas atualmente estabelecem o requisito "possuir certificação como *Green Belt* ou *Black Belt*" como um item obrigatório no caso de promoções para níveis gerenciais.

No entanto, vale destacar que a principal qualidade valorizada pelo mercado em um "*Belt*" é a sua real capacidade para gerar, para as empresas nas quais vem trabalhando, resultados significativos por meio do uso adequado da metodologia Seis Sigma, independentemente de que ele possua, ou não, uma certificação.

- **Existe um *Body of Knowledge* padrão para a certificação de *Master Black Belts*?**

    Como no caso dos *Black Belts* e *Green Belts*, não existem requisitos oficiais e padronizados que devam ser atendidos para que uma empresa de consultoria ou qualquer outra organização possa certificar *Master Black Belts*. É importante ressaltar que a ASQ ainda não instituiu seu exame para certificação de *Master Black Belts*.

    No entanto, apesar de não existir um currículo padrão, vem se tornando consenso que as atividades abaixo devam fazer parte do treinamento para formação de *Master Black Belts*:
    - Participação no curso para *Master Black Belts* (mínimo de duas semanas, com espaçamento de 30 dias entre elas).
    - Desenvolvimento/coordenação de um projeto multifuncional que envolva uma equipe de *Black Belts* e *Green Belts*.

    Uma visão geral do conteúdo programático mínimo de um treinamento para formação de *Master Black Belts* é apresentada abaixo:
    - Desenvolvimento de equipes.
    - Estilos de comunicação.
    - Comunicação interpessoal.
    - Técnicas para reuniões produtivas.
    - Negociação.
    - Gerenciamento de mudanças e liderança.
    - Gestão avançada do Seis Sigma:
        - Indicadores técnicos e financeiros.
        - Definição e priorização de projetos.

- Seleção de candidatos a *Black Belts* e *Green Belts*.
- *Business Case*.
- *Project Charter*.
- Processo de certificação.

◆ Método *DMAIC* e ferramentas:
- Revisão/aprofundamento do método *DMAIC* e principais ferramentas.
- Técnicas especiais de planejamento de experimentos.
- Ferramentas do *Lean Manufacturing*.
- Estudos de caso.

◆ *Design for Six Sigma* – DFSS:
- Método *DMADV*.
- Ferramentas do *DMADV*:
  - Técnicas para levantamento de dados primários.
  - Modelo de Kano.
  - QFD.
  - *Design for Manufacturing*.
  - *Design for Assembly*.
  - Análise de Pugh.
  - TRIZ.
  - Análise de Tolerâncias.
- Estudos de caso.

Vale destacar que é importante que um *Master Black Belt*, como parte de suas habilidades, possua sólidos conhecimentos das ferramentas estatísticas. No entanto, ele também deve possuir excelentes competências para facilitar trabalhos em equipe, gerenciar mudanças, promover inovações e superar resistências. Um treinamento para formação de *Master Black Belts*, para ter credibilidade, deve enfatizar o desenvolvimento dessas competências e não apenas promover um *upgrade* em conhecimentos estatísticos.

◆ **Conteúdos dos *websites* da ASQ relacionados à certificação de *Belts*[3]**

Os conteúdos dos sete *websites* mencionados anteriormente são transcritos a seguir, com autorização da *ASQ*.

Six Sigma Black Belt Certification

Step 1. Is this the right certification for you?

Here are the minimum expectations, requirements, experience and exam specifics for a Six Sigma Black Belt. If you already know that this is the certification you want to pursue, move on to exam preparation.

Required Experience

Six Sigma Black Belt requires two completed projects with signed affidavits or one completed project with signed affidavit and three years of work experience in one or more areas of the Six Sigma Body of Knowledge. For more information, please see the list of Six Sigma Project Affidavit FAQs.

Minimum Expectations of a Six Sigma Black Belt

- Will be able to explain six sigma philosophies and principles, including related systems and tools (lean, quality, process/continuous improvement, etc.), and will be able to describe their impact on various business processes throughout the organization.
- Will understand the various leadership and six sigma roles and responsibilities. Will recognize organization roadblocks and be able to use change management techniques to manage organizational change.
- Will be able to define benchmarking and will understand various financial and other business performance measures. Will be able to identify customer requirements and describe the impact that six sigma projects can have on various types of customers.
- Will have a fundamental understanding of the components and techniques used in managing teams, including time management, planning and decision-making tools, team formation, and performance evaluation and reward. Will know how to use appropriate techniques to overcome various group dynamics challenges.
- Will understand the elements of a project charter (problem statement, scope, goals, etc.) and be able to use various tools to track the project progress.
- Will be able to use customer feedback to determine customer requirements.
- Will have a basic understanding of data collection techniques, process elements, and process analysis tools.
- Will have a basic understanding of measurement systems.
- Will have a basic understanding of probability concepts and distributions.

- Will be able to perform statistical and process capability calculations.
- Will be able to analyze the results of correlation and regression analyses. Will be able to interpret multi-vari study results and interpret attributes data to find sources of variation.
- Will be able to define multivariate tools.
- Will be able to perform hypothesis testing and analyze their results.
- Will understand the elements and purpose of FMEA and be able to use root cause analysis tools.
- Will be able to identify and interpret the 7 classic wastes.
- Will be able to use gap analysis tools.
- Will be able to plan design of experiments (DOE) and be able to analyze their results.
- Will be able to use various tools to eliminate waste and reduce cycle-time.
- Will be able to define kaizen, kaizen blitz, and theory of constraints.
- Will have a fundamental understanding of how to implement an improved process and how to analyze and interpret risk studies.
- Will be able to implement statistical process control (SPC).
- Will understand total productive maintenance (TPM) and visual factory concepts.
- Will be able to develop control plans and use various tools to maintain and sustain improvements.
- Will understand common DFSS and DFX methodologies, robust design and processes, and techniques for strategic and tactical design.

Examination

Each certification candidate is required to pass a written examination that consists of multiple-choice questions that measure comprehension of the Body of Knowledge. The Six Sigma Black Belt Certification is a four-hour, 150 multiple-choice question examination. It is offered in English.

Examinations are conducted twice a year, in March and October, by local ASQ sections and international organizations. All examinations are open-book. Each participant must bring his or her own reference materials. Use of reference materials and calculators is explained in the seating letter provided to applicants.

Please Note: The Body of Knowledge for certification is affected by new technologies, policies, and the changing dynamics of manufacturing and service industries. Changed versions of the examination based on the current Body of Knowledge are used at each offering.

American Society for Quality
Six Sigma Black Belt - Body of Knowledge

The topics in this Body of Knowledge include additional detail in the form of subtext explanations and the cognitive level at which the questions will be written. This information will provide useful guidance for both the Examination Development Committee and the candidates preparing to take the exam. The subtext is not intended to limit the subject matter or be all-inclusive of what might be covered in an exam. It is meant to clarify the type of content to be included in the exam. The descriptor in parentheses at the end of each entry refers to the maximum cognitive level at which the topic will be tested. A more complete description of cognitive levels is provided at the end of this document.

I. Enterprise-Wide Deployment [9 Questions]

A. Enterprise-wide view

1. **History of continuous improvement**

   Describe the origins of continuous improvement and its impact on other improvement models. (Remember)

2. **Value and foundations of Six Sigma**

   Describe the value of Six Sigma, its philosophy, history and goals. (Understand)

3. **Value and foundations of Lean**

   Describe the value of Lean, its philosophy, history and goals. (Understand)

4. **Integration of Lean and Six Sigma**

   Describe the relationship between Lean and Six Sigma. (Understand)

5. **Business processes and systems**

   Describe the relationship among various business processes (design, production, purchasing, accounting, sales, etc.) and the impact these relationships can have on business systems. (Understand)

6. **Six sigma and Lean applications**

   Describe how these tools are applied to processes in all types of enterprises: manufacturing, service, transactional, product and process design, innovation, etc. (Understand)

B. Leadership

1. **Enterprise leadership responsibilities**

Describe the responsibilities of executive leaders and how they affect the deployment of Six Sigma in terms of providing resources, managing change, communicating ideas, etc. (Understand)

2. Organizational roadblocks

Describe the impact an organization's culture and inherent structure can have on the success of Six Sigma, and how deployment failure can result from the lack of resources, management support, etc.; identify and apply various techniques to overcome these barriers. (Apply)

3. Change management

Describe and use various techniques for facilitating and managing organizational change. (Apply)

4. Six Sigma projects and kaizen events

Describe how projects and kaizen events are selected, when to use Six Sigma instead of other problem-solving approaches, and the importance of aligning their objectives with organizational goals. (Apply)

5. Six Sigma roles and responsibilities

Describe the roles and responsibilities of Six Sigma participants: black belt, master black belt, green belt, champion, process owners and project sponsors. (Understand)

II. Organizational Process Management and Measures [9 Questions]

A. Impact on stakeholders

Describe the impact Six Sigma projects can have on customers, suppliers and other stakeholders. (Understand)

B. Critical to x (CTx) requirements

Define and describe various CTx requirements (critical to quality (CTQ), cost (CTC), process (CTP), safety (CTS), delivery (CTD), etc.) and the importance of aligning projects with those requirements. (Apply)

C. Benchmarking

Define and distinguish between various types of benchmarking, including best practices, competitive, collaborative, etc. (Apply)

D. Business performance measures

Define and describe various business performance measures, including balanced scorecard, key performance indicators (KPIs), the financial impact of customer loyalty, etc. (Understand)

E. Financial measures

Define and use financial measures, including revenue growth, market share, margin, cost of quality (COQ), net present value (NPV), return on investment (ROI), costbenefit analysis, etc. (Apply)

III. Team Management [16 Questions]

A. Team formation

1. Team types and constraints

Define and describe various types of teams (e.g., formal, informal, virtual, crossfunctional, self-directed, etc.), and determine what team model will work best for a given situation. Identify constraining factors including geography, technology, schedules, etc. (Apply)

2. Team roles

Define and describe various team roles and responsibilities, including leader, facilitator, coach, individual member, etc. (Understand)

3. Team member selection

Define and describe various factors that influence the selection of team members, including required skills sets, subject matter expertise, availability, etc. (Apply)

4. Launching teams

Identify and describe the elements required for launching a team, including having management support, establishing clear goals, ground rules and timelines, and how these elements can affect the team's success. (Apply)

B. Team facilitation

1. Team motivation

Describe and apply techniques that motivate team members and support and sustain their participation and commitment. (Apply)

2. Team stages

Facilitate the team through the classic stages of development: forming, storming, norming, performing and adjourning. (Apply)

3. Team communication

Identify and use appropriate communication methods (both within the team and from the team to various stakeholders) to report progress, conduct milestone reviews and support the overall success of the project. (Apply)

C. Team dynamics

Identify and use various techniques (e.g., coaching, mentoring, intervention, etc.) to overcome various group dynamic challenges, including overbearing/dominant or reluctant participants, feuding and other forms of unproductive disagreement, unquestioned acceptance of opinions as facts, groupthink, floundering, rushing to accomplish or finish, digressions, tangents, etc. (Evaluate)

D. Time management for teams

Select and use various time management techniques including publishing agendas with time limits on each entry, adhering to the agenda, requiring pre-work by attendees, ensuring that the right people and resources are available, etc. (Apply)

E. Team decision-making tools

Define, select and use tools such as brainstorming, nominal group technique, multi-voting, etc. (Apply)

F. Management and planning tools

Define, select and apply the following tools: affinity diagrams, tree diagrams, process decision program charts (PDPC), matrix diagrams, interrelationship digraphs, prioritization matrices and activity network diagrams. (Apply)

G. Team performance evaluation and reward

Measure team progress in relation to goals, objectives and other metrics that support team success and reward and recognize the team for its accomplishments. (Analyze)

IV. Define [15 Questions]

A. Voice of the customer

1. Customer identification

Segment customers for each project and show how the project will impact both internal and external customers. (Apply)

2. Customer feedback

Identify and select the appropriate data collection method (surveys, focus groups, interviews, observation, etc.) to gather customer feedback to better understand customer needs, expectations and requirements. Ensure that the instruments used are reviewed for validity and reliability to avoid introducing bias or ambiguity in the responses. (Apply)

3. Customer requirements

Define, select and use appropriate tools to determine customer requirements, such as CTQ flow-down, quality function deployment (QFD) and the Kano model. (Apply)

B. Project charter

1. Problem statement

Develop and evaluate the problem statement in relation to the project's baseline performance and improvement goals. (Create)

2. Project scope

Develop and review project boundaries to ensure that the project has value to the customer. (Analyze)

3. Goals and objectives

Develop the goals and objectives for the project on the basis of the problem statement and scope. (Apply)

4. Project performance measures

Identify and evaluate performance measurements (e.g., cost, revenue, schedule, etc.) that connect critical elements of the process to key outputs. (Analyze)

C. Project tracking

Identify, develop and use project management tools, such as schedules, Gantt charts, toll-gate reviews, etc., to track project progress. (Create)

V. Measure [26 Questions]

A. Process characteristics

1. Input and output variables

Identify these process variables and evaluate their relationships using SIPOC and other tools. (Evaluate)

2. Process flow metrics

Evaluate process flow and utilization to identify waste and constraints by analyzing work in progress (WIP), work in queue (WIQ), touch time, takt time, cycle time, throughput, etc. (Evaluate)

3. Process analysis tools

Analyze processes by developing and using value stream maps, process maps, flowcharts, procedures, work instructions, spaghetti diagrams, circle diagrams, etc. (Analyze)

B. Data collection

1. Types of data

Define, classify and evaluate qualitative and quantitative data, continuous (variables) and discrete (attributes) data and convert attributes data to variables measures when appropriate. (Evaluate)

2. Measurement scales

Define and apply nominal, ordinal, interval and ratio measurement scales. (Apply)

3. Sampling methods

Define and apply the concepts related to sampling (e.g., representative selection, homogeneity, bias, etc.). Select and use appropriate sampling methods (e.g., random sampling, stratified sampling, systematic sampling, etc.) that ensure the integrity of data. (Evaluate)

4. Collecting data

Develop data collection plans, including consideration of how the data will be collected (e.g., check sheets, data coding techniques, automated data collection, etc.) and how it will be used. (Apply)

C. Measurement systems

1. Measurement methods

Define and describe measurement methods for both continuous and discrete data. (Understand)

2. Measurement systems analysis

Use various analytical methods (e.g., repeatability and reproducibility (R&R), correlation, bias, linearity, precision to tolerance, percent agreement, etc.) to analyze and interpret measurement system capability for variables and attributes measurement systems. (Evaluate)

3. Measurement systems in the enterprise

Identify how measurement systems can be applied in marketing, sales, engineering, research and development (R&D), supply chain management, customer satisfaction and other functional areas. (Understand)

4. Metrology

Define and describe elements of metrology, including calibration systems, traceability to reference standards, the control and integrity of standards and measurement devices, etc. (Understand)

D. Basic statistics

1. Basic terms

Define and distinguish between population parameters and sample statistics (e.g., proportion, mean, standard deviation, etc.) (Apply)

2. Central limit theorem

Describe and use this theorem and apply the sampling distribution of the mean to inferential statistics for confidence intervals, control charts, etc. (Apply)

3. Descriptive statistics

Calculate and interpret measures of dispersion and central tendency and construct and interpret frequency distributions and cumulative frequency distributions. (Evaluate)

4. Graphical methods

Construct and interpret diagrams and charts, including box-and-whisker plots, run charts, scatter diagrams, histograms, normal probability plots, etc. (Evaluate)

5. Valid statistical conclusions

Define and distinguish between enumerative (descriptive) and analytic (inferential) statistical studies and evaluate their results to draw valid conclusions. (Evaluate)

E. Probability

1. Basic concepts

Describe and apply probability concepts such as independence, mutually exclusive events, multiplication rules, complementary probability, joint occurrence of events, etc. (Apply)

2. Commonly used distributions

Describe, apply and interpret the following distributions: normal, Poisson, binomial, chi square, Student's t and F distributions. (Evaluate)

3. Other distributions

Describe when and how to use the following distributions: hypergeometric, bivariate, exponential, lognormal and Weibull. (Apply)

F. Process capability

1. Process capability indices

Define, select and calculate Cp and Cpk to assess process capability. (Evaluate)

2. Process performance indices

Define, select and calculate Pp, Ppk and Cpm to assess process performance. (Evaluate)

3. Short-term and long-term capability

Describe and use appropriate assumptions and conventions when only short-term data or attributes data are available and when long-term data are available. Interpret the relationship between long-term and short-term capability. (Evaluate)

4. Process capability for non-normal data

Identify non-normal data and determine when it is appropriate to use Box-Cox or other transformation techniques. (Apply)

5. Process capability for attributes data

Calculate the process capability and process sigma level for attributes data. (Apply)

6. Process capability studies

Describe and apply elements of designing and conducting process capability studies, including identifying characteristics and specifications, developing sampling plans and verifying stability and normality. (Evaluate)

7. Process performance vs. specification

Distinguish between natural process limits and specification limits, and calculate process performance metrics such as percent defective, parts per million (PPM), defects per million opportunities (DPMO), defects per unit (DPU), process sigma, rolled throughput yield (RTY), etc. (Evaluate)

VI. Analyze [24 Questions]

A. Measuring and modeling relationships between variables

1. Correlation coefficient

Calculate and interpret the correlation coefficient and its confidence interval, and describe the difference between correlation and causation. (Analyze)

NOTE: Serial correlation will not be tested.

2. Regression

Calculate and interpret regression analysis, and apply and interpret hypothesis tests for regression statistics. Use the regression model for estimation and prediction, analyze the uncertainty in the estimate, and perform a residuals analysis to validate the model. (Evaluate)

NOTE: Models that have non-linear parameters will not be tested.

3. Multivariate tools

Use and interpret multivariate tools such as principal components, factor analysis, discriminant analysis, multiple analysis of variance (MANOVA), etc., to investigate sources of variation. (Analyze)

4. Multi-vari studies

Use and interpret charts of these studies and determine the difference between positional, cyclical and temporal variation. (Analyze)

5. Attributes data analysis

Analyze attributes data using logit, probit, logistic regression, etc., to investigate sources of variation. (Analyze)

B. Hypothesis testing

1. Terminology

Define and interpret the significance level, power, type I and type II errors of statistical tests. (Evaluate)

2. Statistical vs. practical significance

Define, compare and interpret statistical and practical significance. (Evaluate)

3. Sample size

Calculate sample size for common hypothesis tests (e.g., equality of means, equality of proportions, etc.). (Apply)

4. Point and interval estimates

Define and distinguish between confidence and prediction intervals. Define and interpret the efficiency and bias of estimators. Calculate tolerance and confidence intervals. (Evaluate)

5. Tests for means, variances and proportions

Use and interpret the results of hypothesis tests for means, variances and proportions. (Evaluate)

6. Analysis of variance (ANOVA)

Select, calculate and interpret the results of ANOVAs. (Evaluate)

7. Goodness-of-fit (chi square) tests

Define, select and interpret the results of these tests. (Evaluate)

8. Contingency tables

Select, develop and use contingency tables to determine statistical significance. (Evaluate)

9. Non-parametric tests

Select, develop and use various non-parametric tests, including Mood's Median, Levene's test, Kruskal-Wallis, Mann-Whitney, etc. (Evaluate)

C. Failure mode and effects analysis (FMEA)

Describe the purpose and elements of FMEA, including risk priority number (RPN), and evaluate FMEA results for processes, products and services. Distinguish between design FMEA (DFMEA) and process FMEA (PFMEA), and interpret results from each. (Evaluate)

D. Additional analysis methods

　1. Gap analysis

　　Use various tools and techniques (gap analysis, scenario planning, etc.) to compare the current and future state in terms of pre-defined metrics. (Analyze)

　2. Root cause analysis

　　Define and describe the purpose of root cause analysis, recognize the issues involved in identifying a root cause, and use various tools (e.g., the 5 whys, Pareto charts, fault tree analysis, cause and effect diagrams, etc.) for resolving chronic problems. (Evaluate)

　3. Waste analysis

　　Identify and interpret the 7 classic wastes (overproduction, inventory, defects, over-processing, waiting, motion and transportation) and other forms of waste such as resource under-utilization, etc. (Analyze)

VII. Improve [23 Questions]

　A. Design of experiments (DOE)

　　1. Terminology

　　　Define basic DOE terms, including independent and dependent variables, factors and levels, response, treatment, error, etc. (Understand)

　　2. Design principles

　　　Define and apply DOE principles, including power and sample size, balance, repetition, replication, order, efficiency, randomization, blocking, interaction, confounding, resolution, etc. (Apply)

　　3. Planning experiments

　　　Plan, organize and evaluate experiments by determining the objective, selecting factors, responses and measurement methods, choosing the appropriate design, etc. (Evaluate)

　　4. One-factor experiments

　　　Design and conduct completely randomized, randomized block and Latin square designs and evaluate their results. (Evaluate)

　　5. Two-level fractional factorial experiments

　　　Design, analyze and interpret these types of experiments and describe how confounding affects their use. (Evaluate)

　　6. Full factorial experiments

　　　Design, conduct and analyze full factorial experiments. (Evaluate)

B. Waste elimination

Select and apply tools and techniques for eliminating or preventing waste, including pull systems, kanban, 5S, standard work, poka-yoke, etc. (Analyze)

C. Cycle-time reduction

Use various tools and techniques for reducing cycle time, including continuous flow, single-minute exchange of die (SMED), etc. (Analyze)

D. Kaizen and kaizen blitz

Define and distinguish between these two methods and apply them in various situations. (Apply)

E. Theory of constraints (TOC)

Define and describe this concept and its uses. (Understand)

F. Implementation

Develop plans for implementing the improved process (i.e., conduct pilot tests, simulations, etc.), and evaluate results to select the optimum solution. (Evaluate)

G. Risk analysis and mitigation

Use tools such as feasibility studies, SWOT analysis (strengths, weaknesses, opportunities and threats), PEST analysis (political, environmental, social and technological) and consequential metrics to analyze and mitigate risk. (Apply)

VIII. Control [21 Questions]

A. Statistical process control (SPC)

1. Objectives

Define and describe the objectives of SPC, including monitoring and controlling process performance, tracking trends, runs, etc., and reducing variation in a process. (Understand)

2. Selection of variables

Identify and select critical characteristics for control chart monitoring. (Apply)

3. Rational subgrouping

Define and apply the principle of rational subgrouping. (Apply)

4. Control chart selection

Select and use the following control charts in various situations: $\bar{X} - R$, $\bar{X} - s$, individual and moving range (ImR), p, np, c, u, short-run SPC and moving average. (Apply)

5. Control chart analysis

Interpret control charts and distinguish between common and special causes using rules for determining statistical control. (Analyze)

B. Other control tools

1. Total productive maintenance (TPM)

Define the elements of TPM and describe how it can be used to control the improved process. (Understand)

2. Visual factory

Define the elements of a visual factory and describe how they can help control the improved process. (Understand)

C. Maintain controls

1. Measurement system re-analysis

Review and evaluate measurement system capability as process capability improves, and ensure that measurement capability is sufficient for its intended use. (Evaluate)

2. Control plan

Develop a control plan for ensuring the ongoing success of the improved process including the transfer of responsibility from the project team to the process owner. (Apply)

D. Sustain improvements

1. Lessons learned

Document the lessons learned from all phases of a project and identify how improvements can be replicated and applied to other processes in the organization. (Apply)

2. Training plan deployment

Develop and implement training plans to ensure continued support of the improved process. (Apply)

3. Documentation

Develop or modify documents including standard operating procedures (SOPs), work instructions, etc., to ensure that the improvements are sustained over time. (Apply)

4. Ongoing evaluation

Identify and apply tools for ongoing evaluation of the improved process, including monitoring for new constraints, additional opportunities for improvement, etc. (Apply)

IX. Design for Six Sigma (DFSS) Frameworks and Methodologies [7 Questions]

A. Common DFSS methodologies

Identify and describe these methodologies. (Understand)

1. DMADV (define, measure, analyze, design and validate)

2. DMADOV (define, measure, analyze, design, optimize and validate)

B. Design for X (DFX)

Describe design constraints, including design for cost, design for manufacturability and producibility, design for test, design for maintainability, etc. (Understand)

C. Robust design and process

Describe the elements of robust product design, tolerance design and statistical tolerancing. (Apply)

D. Special design tools

1. Strategic

Describe how Porter's five forces analysis, portfolio architecting and other tools can be used in strategic design and planning. (Understand)

2. Tactical

Describe and use the theory of inventive problem-solving (TRIZ), systematic design, critical parameter management and Pugh analysis in designing products or processes. (Apply)

Levels of Cognition

based on Bloom's Taxonomy – Revised (2001)

In addition to content specifics, the subtext for each topic in this BOK also indicates the intended complexity level of the test questions for that topic. These levels are from "Levels of Cognition" (from Bloom's Taxonomy – Revised, 2001). They are in rank order - from least complex to most complex.

Remember

Recall or recognize terms, definitions, facts, ideas, materials, patterns, sequences, methods, principles, etc.

Understand

Read and understand descriptions, communications, reports, tables, diagrams, directions, regulations, etc.

Apply

Know when and how to use ideas, procedures, methods, formulas, principles, theories, etc.

Analyze

Break down information into its constituent parts and recognize their relationship to one nother and how they are organized; identify sublevel factors or salient data from a complex scenario.

Evaluate

Make judgments about the value of proposed ideas, solutions, etc., by comparing the proposal to specific criteria or standards.

Create

Put parts or elements together in such a way as to reveal a pattern or structure not clearly there before; identify which data or information from a complex set is appropriate to examine further or from which supported conclusions can be drawn.

The 2007 American Society for Quality Certified Six Sigma Black Belt (CSSBB) Body of Knowledge (BOK)

How the 2007 BOK compares to the 2001 BOK

There are nine (9) major topic areas in the 2007 Six Sigma Black Belt (SSBB) body of knowledge (BOK), compared to ten (10) major areas in the 2001 BOK. As an aid to SSBB candidates and others, this comparison between the 2007 and the 2001 BOKs was created to provide the following details.

- A high-level summary of the changes in the BOK, including
  - Information about the job analysis survey underlying the changes.
  - Content that is entirely new in the 2007 BOK.
  - Content from the 2001 BOK that will no longer be tested.
- Additional details are also provided for each major BOK area:
  - A cross-reference table that links identical or similar content from the 2001 BOK to the 2007 BOK. [If the wording in the title has changed, the new wording is presented in brackets directly below the title from the 2001.].
  - Clarifying comments for topics in the 2007 BOK, where appropriate, to avoid ambiguity.

You can obtain a copy of the new 2007 BOK at the following web address:

http://www.asq.org/certification/six-sigma/index.html

High-Level Summary

The 2007 SSBB BOK is based on the results of a job analysis survey that was conducted in November 2006. The survey was sent to a sample of more than 1,200 Certified Six Sigma Black Belts in order to validate that the topics being tested are in use by SSBB professionals in a variety of industry sectors. Only those topics that met specific thresholds of use or importance were brought forward to the 2007 BOK.

Also as a result of the survey, we found that some topics from the 2001 BOK did not meet those thresholds of importance or use, and those topics will no longer be tested.

The next two tables highlight the NEW content for the 2007 BOK and the content that was in the 2001 BOK and will NOT be tested in the new BOK.

New Content in the 2007 BOK

BOK Code	2007 Topic
I.A.3	Value and foundations of lean
I.A.4	Integration of lean and six sigma
II.B.	Critical to x (CTx) requirements
III.B.2	Team stages
V.A.2	Process flow metrics
V.C.3	Measurement systems in the enterprise
VI.A.3	Multivariate tools
VI.A.5	Attributes data analysis
VI.D.1	Gap analysis
VI.D.2	Root cause analysis
VI.D.3	Waste analysis
VII.D.	Kaizen blitz
VII.F.	Implementation
VIII.C.2	Control plan
VIII.D.2	Training plan deployment
VIII.D.3	Documentation
VIII.D.4	Ongoing evaluation
IX.A.1 IX.A.2 N.B.	DMADV (define, measure, analyze, design, and validate) DMADOV (define, measure, analyze, design, optimize, and validate) A variety of DFSS methodologies were included in the job analysis survey but only these two methods met the thresholds for the 2007 BOK.

Content from the 2001 BOK that will **not** be tested in the 2007 BOK

2001 BOK	2001 Topic
I.A.3	Process inputs, outputs, and feedback [SIPOC is covered in the 2007 BOK: V.A.1.]
VI.B.4	Paired-comparison parametric hypothesis tests [Paired t-tests are covered in the 2007 BOK: VI.B.5]
VII.A.6	Taguchi designs
VII.A.7	Taguchi robustness concepts
VII.A.8	Mixture experiments
VII.B.1 & 2	Response surface methodology
VII.C.	Evolutionary operations (EVOP)
VIII.A.4	Median charts ($\tilde{X}$)
VIII.A.6	PRE-control
VIII.B.	Exponentially weighted moving average (EWMA) and CUSUM
X.B.2	Noise strategies
X.B.4	Tolerance and process capability
X.E.	Axiomatic design

Cross-reference tables for the 2001 and 2007 BOKs

The following tables provide a cross-reference of content that is identical or similar between the 2001 and 2007 BOKs. The **title** for each table reflects the new title in the 2007 BOK, but the content is presented in order by the 2001 topics. Any change in the titles of the major area, topic, and subtopic are presented in brackets directly below the 2001 titles.

If a topic that originally appeared in the 2001 BOK has been deleted, a dash ("−") will appear in the 2007 BOK column. Clarifying comments are included as necessary.

I. Enterprise-wide Deployment (9 Questions)

Previous title: Enterprise-wide Deployment (9 Questions)

BOK Content Code		
2007	2001	Topic in the 2001 BOK [Topic in the 2007 BOK]
I.A.	I.A.	Enterprise-wide view [Enterprise view]
I.A.2	I.A.1	Value of six sigma [Value and foundations of six sigma]
I.A.5	I.A.2	Business systems and processes [Business processes and systems]
–	I.A.3	Process inputs, outputs, and feedback
I.B.	**I.B.**	**Leadership**
I.B.1	I.B.1	Enterprise leadership [Enterprise leadership responsibilities]
I.B.5	I.B.2	Six sigma roles and responsibilities
II.	**I.C.**	**Organizational goals and objectives** [New BOK II: Organizational Process Management & Measures]
I.B.4	I.C.1	Linking projects to organizational goals [Six sigma projects and kaizen events]
VII.G	I.C.2	Risk analysis [Risk analysis and mitigation]
VIII.D.1	I.C.3	Closed-loop assessment / knowledge management [Lessons learned]
I.A.1. I.A.2.	**I.D.**	**History of organizational improvement / foundations of six sigma** [History of continuous improvement] [Value and foundations of six sigma]

II. Organizational Process Management and Measures (9 Questions)

Previous title: Business process management (9 Questions)

BOK Content Code		Topic in the 2001 BOK
2007	2001	[Topic in the 2007 BOK]
V.A.	II.A.	Process vs. functional view [Process characteristics]
V.A.1	II.A.1	Process elements [Input and output variables]
II.A	II.A.2	Owners and stakeholders [Impact on stakeholders]
IV.B	II.A.3	Project management and benefits [Project charter]
IV.B.4	II.A.4	Project measures [Project performance measures]
IV.A	II.B	**Voice of the Customer**
IV.A.1	II.B.1	Identify customer [Customer identification]
IV.A.2	II.B.2	Collect customer data [Customer feedback]
V.D	II.B.3	Analyze customer data [Basic statistics]
IV.A.3	II.B.4	Determine critical customer requirements [Customer requirements]
II.D	II.C	**Business results** [Business performance measures]
II.D II.E. V.F.7	II.C.1	Process performance metrics [Business performance measures] [Financial measures] [Process performance vs. specifications]
II.C.	II.C.2	Benchmarking
II.E.	II.C.3	Financial benefits [Financial measures]

III. Team management (16 Questions)

Previous title: Project Management (15 Questions)

BOK Content Code		
2007	2001	Topic in the 2001 BOK [Topic in the 2007 BOK]
IV.B	III.A	**Project charter and plan** [Project charter]
IV.B.1	III.A.1	Charter and plan elements [Problem statement]
IV.C	III.A.2	Planning tools [Project tracking]
IV.B.4	III.A.3	Project documentation [Project performance measures]
IV.B.2 IV.B.3	III.A.4	Charter negotiation [Project Scope] [Goals and objectives]
III.A	III.B	**Team Leadership** [Team formation]
III.A.4	III.B.1	Initiating teams [Launching teams]
III.A.3	III.B.2	Selecting team members [Team member selection]
III.B.2	III.B.3	Team stages
III.C	III.C	**Team dynamics and performance** [Team dynamics]
III.B.1	III.C.1	Team building techniques [Team motivation]
III.B	III.C.2	Team facilitation techniques [Team facilitation]
III.G	III.C.3	Team performance evaluation [Team performance evaluation and reward]
III.E	III.C.4	Team tools [Team decision-making tools]
I.B.3	III.D	**Change agent** [Change management]

BOK Content Code		
2007	2001	Topic in the 2001 BOK [Topic in the 2007 BOK]
I.B.3	III.D.1	Managing change [Change management]
I.B.2	III.D.2	Organizational roadblocks
III.C	III.D.3	Negotiation and conflict resolution techniques **[Team dynamics]**
III.B.1	III.D.4	Motivation techniques [Team motivation]
III.B.3	III.D.5	Communication [Team communication]
III.F	III.E	**Management and planning tools**

Entirely new content in the 2007 BOK:

III.B.2. Team stages

III.D. Time management for teams

IV. Define (15 Questions)

Previous title: Six Sigma Improvement Methodology and Tools – Define (9 Questions)

BOK Content Code		
2007	2001	Topic in the 2001 BOK [Topic in the 2007 BOK]
IV.B.2	IV.A	Project scope
IV.B.4	IV.B	Metrics [Project performance measures]
IV.B.1	IV.C	

V. Measure (26 Questions)

Previous title: Six Sigma Improvement Methodology and Tools – Measure (30 Questions)

BOK Content Code		
2007	2001	Topic in the 2001 BOK [Topic in the 2007 BOK]
V.A	V.A	**Process analysis and documentation** [Process characteristics]
V.A.3	V.A.1	Tools [Process analysis tools]
V.A.1	V.A.2	Process inputs and outputs [Input and output variables
V.D V.E	V.B	**Probability and statistics** [Basic statistics] [Probability]
V.D.5	V.B.1	Drawing valid statistical conclusions [Valid statistical conclusions]
V.D.2	V.B.2	Central limit theorem and sampling distribution of the mean [Central limit theorem]
V.E.1	V.B.3	Basic probability concepts [Basic concepts]
V.B	V.C	**Collecting and summarizing data** [Data collection]
V.B.1	V.C.1	Types of data V.B.2 V.C.2 Measurement scales
V.B.4	V.C.3	Methods for collecting data [Collecting data]
V.B.3	V.C.4	Techniques for assuring data accuracy and integrity [Sampling methods]
V.D.3	V.C.5	Descriptive statistics
V.D.4	V.C.6	Graphical methods
V.E	V.D	**Properties and applications of probability distributions** [Probability]
V.E.2	V.D.1	Distributions commonly used by black belts [Commonly used distributions]
V.E.3	V.D.2	Other distributions

BOK Content Code		
2007	2001	Topic in the 2001 BOK [Topic in the 2007 BOK]
V.C	V.E	**Measurement systems**
V.C.1	V.E.1	Measurement methods
V.C.2	V.E.2	Measurement systems analysis
V.C.4	V.E.3	Metrology
V.F	**V.F**	**Analyzing process capability** **[Process capability]**
V.F.6	V.F.1	Designing and conducting process capability studies [Process capability studies]
V.F.7	V.F.2	Calculating process performance vs. specification [Process performance vs. specification]
V.F.1	V.F.3	Process capability indices
V.F.2	V.F.4	Process performance indices
V.F.3	V.F.5	Short-term vs. long-term capability [Short-term and long-term capability]
V.F.4	V.F.6	Non-normal data transformations (process capability for non-normal data) [Process capability for non-normal data]
V.F.5	V.F.7	Process capability for attributes data

Entirely new content in the 2007 BOK

V.C.3. Measurement systems in the enterprise

VI. Analyze (24 Questions)

Previous title: Six Sigma Improvement Methodology and Tools – Analyze (23 Questions)

BOK Content Code		Topic in the 2001 BOK
2007	2001	[Topic in the 2007 BOK]
VI.A	VI.A	Exploratory data analysis [Measuring and modeling relationships between variables]
VI.A.4	VI.A.1	Multi-vari studies
VI.A	VI.A.2	Measuring and modeling relationships between variables
VI.A.2	VI.A.2 (a)	Simple and multiple least-squares linear regression [Regression]
VI.A.1	VI.A.2 (b)	Simple linear correlation [Correlation coefficient]
VI.A.2	VI.A.2 (c)	Diagnostics [Regression]
VI.B	VI.B	Hypothesis testing
VI.B.2	VI.B.1 (a)	Statistical vs. practical significance
VI.B.1	VI.B.1 (b)	Significance level, power, type I and type II errors [Terminology]
VI.B.3	VI.B.1 (c)	Sample size
VI.B.4	VI.B.2	Point and interval estimation [Point and interval estimates]
VI.B.5	VI.B.3	Tests for means, variances, and proportions
–	VI.B.4	Paired comparison tests
VI.B.7	VI.B.5	Goodness-of-fit tests [Goodness-of-fit (chi square) tests]
VI.B.6	VI.B.6	Analysis of variance (ANOVA)
VI.B.8	VI.B.7	Contingency tables
VI.B.9	VI.B.8	Non-parametric tests

Entirely new content in the 2007 BOK:

VI.D.1 Gap analysis

VI.D.2 Root cause analysis

VI.D.3 Waste analysis

VII. Improve (23 Questions)

Previous title: Six Sigma Improvement Methodology and Tools – Improve (22 Questions)

BOK Content Code		
2007	2001	Topic in the 2001 BOK [Topic in the 2007 BOK]
VII.A	**VII.A**	**Design of experiments (DOE)**
VII.A.1	VII.A.1	Terminology
VII.A.3	VII.A.2	Planning and organizing experiments [Planning experiments]
VII.A.2	VII.A.3	Design principles
VII.A.4	VII.A.4	Design and analysis of one-factor experiments [One-factor experiments]
VII.A.6	VII.A.5	Design and analysis of full factorial experiments [Full factorial experiments]
VII.A.5	VII.A.6	Design and analysis of two-level fractional factorial experiments [Two-level fractional factorial experiments]
–	VII.A.7	Taguchi robustness concepts
–	VII.A.8	Mixture experiments
–	**VII.B**	Response surface methodology
–	VII.B.1	- Steepest ascent/descent experiments
–	VII.B.2	- Higher-order experiments
–	VII.C.	Evolutionary operations (EVOP)

Entirely new content in the 2007 BOK:

VII.D. Kaizen blitz

VII.F. Implementation

VIII. Control (21 Questions)

Previous title: Six Sigma Improvement Methodology and Tools – Control (15 Questions)

BOK Content Code		
2007	2001	Topic in the 2001 BOK [Topic in the 2007 BOK]
VIII.A	VIII.A	**Statistical process control (SPC)**
VIII.A.1	VIII.A.1	Objectives and benefits [Objectives]
VIII.A.2	VIII.A.2	Selection of variables
VIII.A.3	VIII.A.3	Rational subgrouping
VIII.A.4	VIII.A.4	Selection and application of control charts [Control chart selection]
VIII.A.5	VIII.A.5	Analysis of control charts [Control chart analysis]
–	VIII.A.6	PRE-control
VIII.A.4	VIII.B	**Advanced statistical process control** [Control chart selection]
VII.B VII.D VIII.B.1 VIII.B.2	VIII.C	**Lean tools for control** [Waste elimination] [Kaizen and kaizen blitz] [Total productive maintenance] [Visual factory]
VIII.C.1	VIII.D	**Measurement system re-analysis**

Clarifying comments:

VIII.B Only two subtopics of old VIII.B. Advanced SPC carried over to the 2007 BOK: "Short-run SPC" and "Moving range" are now covered in the new BOK under VIII.A.4. Control chart analysis.

IX. Design for Six Sigma (DFSS) Frameworks & Methodologies (9 Questions)

Previous title: Lean Enterprise (9 Questions)

BOK Content Code		Topic in the 2001 BOK
2007	2001	[Topic in the 2007 BOK]
	IX.A	**Lean Concepts**
VII.E	IX.A.1	Theory of constraints [Theory of constraints (TOC)]
I.A.3 I.A.4 I.A.6	IX.A.2	Lean thinking [Value and foundations of lean] [Integration of lean and six sigma] [Six sigma and lean applications]
VII.C	IX.A.3	Continuous flow manufacturing (CFM) [Cycle-time reduction]
VI.D.3	IX.A.4	Non-value added activities [Waste analysis]
VII.C	IX.A.5	Cycle-time reduction
VII.B VII.C VIII.B.2	IX.B	**Lean tools** **[Waste elimination]** **[Cycle-time reduction]** [Visual factory]
VIII.B.1	**IX.C**	Total productive maintenance (TPM)

Entirely new content in 2007 BOK area **IX. DFSS Frameworks & Methodologies**

IX.D. Special design tools

1. Strategic: Porter's five forces analysis & portfolio architecting

2. Tactical: systematic design, critical parameter management, and Pugh analysis

Previous title: X. Design for Six Sigma (DFSS) (9 Questions)

BOK Content Code		
2007	2001	Topic in the 2001 BOK [Topic in the 2007 BOK]
IV.A.3	X.A	Quality function deployment (QFD) [Customer requirements]
IX.C	X.B	Robust design and process
IX.C	X.B.1	Functional requirements
–	X.B.2	Noise strategies
IX.C	X.B.3	Tolerance design
–	X.B.4	Tolerance and process capability
VI.C.	X.C.	**Failure mode and effects analysis (FMEA)**
IX.B	X.D	**Design for X (DFX)**
IX.D.2	X.E	**Special design tools** [Tactical]

ASQ Six Sigma Black Belt Certification Project Affidavit/Verification Form

Please see the explanation of how to fill out this form on the reverse side

One of the requirements for application approval to take ASQ's Six Sigma Black Belt certification exam is the demonstration of experience. Six Sigma Black Belt affidavit(s) must be completed and submitted attesting to that fact. Provide **two** signed affidavits attesting to the completion of **two** Six Sigma projects, signed by the project champion(s). If two Six Sigma projects have not been completed, **one** completed project will be allowed providing you have at least **three** years of work experience covered by the Six Sigma Black Belt Body of Knowledge (BOK).

Check here if **two** projects have been completed.

Check here for **one** completed project **and three years' experience**.

If you have not completed at least one Six Sigma project, you will not be allowed to sit for this examination.

Completed, signed affidavits can be faxed to Certification Offerings at 414-298-2500; or e-mailed to cert@asq.org. The signed Six Sigma affidavit(s) must be received at ASQ within one week of receiving your application. If not, your application will be cancelled and a partial refund (less the application fee) will be returned to you.

1. **Six Sigma Project completed by** _____
   (applicant's name, please print)   (member number)
2. Six Sigma project title _____
3. Provide a brief description of the purpose of the project, and how it related to the business objective:
   _____
   _____
   _____

4. Six Sigma project's start and completion dates by month/year: _____
5. Provide a brief description of applicant's hands-on performance in completing Six Sigma project. Please include specific examples of tools used, i.e., process maps, metrics (DPU, DPMO, RTY), procedures, charts, etc. Do not send documentation.
   _____
   _____
   _____

6. Provide a brief statement on the benefits achieved by the successful completion of the project, including but not

limited to financial savings, labor, material costs, cycle-time reduction, etc.
_____
_____
_____

7. Verification of completion by project champion:

Verification form completed by: _____

(project champion's signature) (date signed)

Champion's name _____ Job title_____

Company name _____

Address _____

Project champion's e-mail address _____

Project champion's telephone _____ Fax number _____

Six Sigma Project Affidavit Explanation Page

Six Sigma is a statistical measure of variability, typically in a given process. Its use is not limited to manufacturing, but as an example, it could be used to measure the number of substandard products. In the service industry, it could quantify delays in delivery or lag time in other processes. A successful Six Sigma project should yield virtual defect-free performance. It is a project that will provide breakthrough performance or improvement, which typically equals great monetary benefit to a company.

Before being allowed to sit for ASQ's Six Sigma Black Belt certification examination, an applicant must demonstrate experience in the use of the Six Sigma methodology. Six Sigma Black Belt affidavit(s) must be completed, signed, and submitted before an applicant will be allowed to sit for the examination. Completed affidavits can be faxed to Certification Offerings at 414-298-2500 or e-mailed to cert@asq.org. The signed Six Sigma affidavit(s) must be received at ASQ one week of receiving your application. If not your application will be cancelled and a partial refund (less the application fee) will be returned to you.

1. Please print name of Six Sigma Black Belt applicant, along with her/his member number.
2. List the official name of the Six Sigma Black Belt project, as listed on your Six Sigma charter.
3. Explain briefly the problem you needed solved and how it related to your organization's objectives.
4. List the project's start and completion dates by month and year.
5. Please list the Six Sigma tools used. Be specific as to the name of the tool; specify data, measures, and metrics used. Provide as many examples as possible. Do not send any actual charts, maps, etc.
6. Explain briefly how close you came to reaching your goal and list the success(es) of this project. These may include, but are not limited to, financial savings, labor savings, material costs, cycle-time reduction, increased customer satisfaction, etc.
7. Verification section must include the project champion's signature and date signed. In addition, please print the name of the project champion and provide job title and company address. Please include telephone, fax, and e-mail information for verification purposes.

If ASQ has any questions or needs to verify any of the information provided in this affidavit, we will contact the project champion.

What is the definition of a Six Sigma project?

Six Sigma is a method for reducing variation in manufacturing, service, or other business processes. Six Sigma projects measure the cost benefit of improving processes that are producing substandard products or services. Whether in manufacturing or service industries, such projects quantify the effect of process changes on delays or rework. The goal of each successful Six Sigma project is to produce statistically significant improvements in the target process; over time, multiple Six Sigma projects produce virtually defect-free performance. The Six Sigma Black Belt project is one that uses appropriate tools within a Six Sigma approach to produce breakthrough performance and real financial benefit to an operating business or company.

The tools are generic. It is the structure of the project and the associated process (improvement model) that distinguish a Black Belt project from other similar quality improvement projects. Financial impact as an outcome is also a requirement within a Black Belt project when compared to other projects.

The following examples are not all-inclusive, but will provide examples of acceptable and unacceptable projects:

Examples of projects that qualify:
- Manufacturing product defect reduction
- Human resources recruitment cycle-time reduction
- Reduced accounts payable invoice processing costs
- Reduced manufacturing machine setup time

Projects that do not qualify:
- Prepackaged or classroom exercises that are mock or simulated projects that were previously completed and/or that do not include actual "hands on" work
- No real organization or business unit; no current problem or cost benefit
- Basic product improvement projects not associated with process improvements
- Software maintenance or remediation without detailed process measurements
- Any project without measured before-and-after cost benefits

Frequently Asked Questions

Chat with a Customer Care Representative

What are some common questions about submitting a Six Sigma Project Affidavit?

What if I do not have a completed a Six Sigma Black Belt Project?

A Six Sigma Black Belt project is required. If you have not completed a project you are not eligible to sit for the exam.

Can I submit a project I completed more than two years ago?

Yes, as long as the project utilized the Six Sigma tools and methodologies, it is acceptable.

I am in the process of completing a Six Sigma Black Belt project, can I still apply for the exam?

Yes you can apply, but your completed project affidavit(s) must be received at ASQ headquarters within one week of our receipt of your application and fees. Your application will be placed on HOLD status until we receive your affidavit(s). The affidavit(s) must be completed by your project champion. As the applicant, it is your responsibility to send the completed affidavit(s) to ASQ. If we do not receive your affidavit(s) within the required timeframe, your application will be cancelled and a partial refund will be sent to you (less the application fee).

Can I submit my affidavit for review prior to applying for the exam?

No, affidavits received without an application form and fees will not be reviewed prior to your applying for the exam.

Does ASQ need the original signed copy of my project affidavit?

No, you may fax or e-mail your signed affidavit(s) to fax number 414-298-2500 or to cert@asq.org within one week of submitting your application.

I am unable to contact my project champion or he/she is no longer employed at the company. What should I do?

It is your responsibility to have your project champion complete and sign the project affidavit. Affidavits will not be accepted if they are not signed by a project champion.

If you are unable to locate your project champion, a member of upper management at the company may sign the affidavit in your project champion's place, provided the individual is able to verify the contents of the affidavit are correct.

I did a Six Sigma Black Belt project at a company that I am no longer employed or the champion is at a different location. What should I do?

You may fax or e-mail a copy of the affidavit form to the champion. Please then have the champion send the signed form directly to ASQ by mail, fax or e-mail.

Six Sigma Black Belt Certification

Step 5. Recertify.

To maintain the integrity of your Six Sigma Black Belt certification, ASQ requires that you recertify every three years.

Two Ways to Recertify

1. Recertification Journal: Obtain a minimum of 18 recertification units (RUs) during your three-year certification period. Document them in your recertification journal.
2. Examination: Sit for the exam. (Required if your certification expired and is past the six-month grace period.)

The purpose of recertifying is to ensure that, as an ASQ-certified quality professional, you maintain the same level of knowledge originally demonstrated when you passed the written examination. If you do not recertify, your certification will lapse and ASQ will no longer recognize you as "certified."

If you are retired from full-time employment, you may wish to also retire your ASQ certification credentials.

O que é certificação de *Belts* do Seis Sigma?

Certified Six Sigma Green Belt
Quality excellence to enhance your career and boost your organization's bottom line

Certification from ASQ is considered a mark of quality excellence in many industries. It helps you advance your career, and boosts your organization's bottom line through your mastery of quality skills. Becoming certified as a Six Sigma Green Belt confirms your commitment to quality and the positive impact it will have on your organization.

Certified Six Sigma Green Belt

The Six Sigma Green Belt operates in support of or under the supervision of a Six Sigma Black Belt, analyzes and solves quality problems and is involved in quality improvement projects. A Green Belt is someone with at least three years of work experience who wants to demonstrate his or her knowledge of Six Sigma tools and processes.

Proof of Professionalism
Proof of professionalism may be demonstrated in one of three ways:
- Membership in ASQ, an international affiliate society of ASQ, or another society that is a member of the American Association of Engineering Societies or the Accreditation Board for Engineering and Technology.
- Registration as a Professional Engineer.
- The signatures of two persons—ASQ members, members of an international affiliate society, or members of another recognized professional society—verifying that you are a qualified practitioner of the quality sciences.

Examination
Each certification candidate is required to pass a written examination that consists of multiple choice questions that measure comprehension of the Body of Knowledge. The Six Sigma Green Belt Certification is a four-hour, 100 multiple-choice question examination. It is offered in the English language only.

Required Experience
The Six Sigma Green Belt requires three years of work experience within the Body of Knowledge.

For comprehensive exam information on Six Sigma Green Belt certification, visit **www.asq.org/certification**.

Certified Six Sigma Green Belt

Body of Knowledge

Included in this Body of Knowledge (BOK) are explanations (subtext) and cognitive levels for each topic or subtopic in the test. These details will be used by the Examination Development Committee as guidelines for writing test questions and are designed to help candidates prepare for the exam by identifying specific content within each topic that can be tested. Except where specified, the subtext is not intended to limit the subject or be all-inclusive of what might be covered in an exam, but rather is intended to clarify how topics are related to the role of the Certified Six Sigma Green Belt (SSGB). The descriptor in parentheses at the end of each subtext entry refers to the highest cognitive level at which the topic will be tested. A complete description of cognitive levels is provided at the end of this document.

I. Overview: Six Sigma and the Organization (15 Questions)

A. Six Sigma and Organizational Goals
1. **Value of Six Sigma**
   Recognize why organizations use Six Sigma, how they apply its philosophy and goals, and the origins of Six Sigma (Juran, Deming, Shewhart, etc.). Describe how process inputs, outputs, and feedback impact the larger organization. (Understand)
2. **Organizational drivers and metrics**
   Recognize key drivers for business (profit, market share, customer satisfaction, efficiency, product differentiation) and how key metrics and scorecards are developed and impact the entire organization. (Understand)
3. **Organizational goals and Six Sigma projects**
   Describe the project selection process including knowing when to use Six Sigma improvement methodology (DMAIC) as opposed to other problem-solving tools, and confirm that the project supports and is linked to organizational goals. (Understand)

B. Lean Principles in the Organization
1. **Lean concepts and tools**
   Define and describe concepts such as value chain, flow, pull, perfection, etc., and tools commonly used to eliminate waste, including kaizen, 5S, error-proofing, value-stream mapping, etc. (Understand)
2. **Value-added and non-value-added activities**
   Identify waste in terms of excess inventory, space, test inspection, rework, transportation, storage, etc., and reduce cycle time to improve throughput. (Understand)
3. **Theory of constraints**
   Describe the theory of constraints. (Understand)

C. Design for Six Sigma (DFSS) in the Organization
1. **Quality function deployment (QFD)**
   Describe how QFD fits into the overall DFSS process. (Understand) [Note: the application of QFD is covered in II.A.6.]
2. **Design and process failure mode and effects analysis (DFMEA & PFMEA)**
   Define and distinguish between design FMEA (DFMEA) and process (PFMEA) and interpret associated data. (Analyze) [Note: the application of FMEA is covered in II.D.2.]
3. **Road maps for DFSS**
   Describe and distinguish between DMADV (define, measure, analyze, design, verify) and IDOV (identify, design, optimize, verify), identify how they relate to DMAIC and how they help close the loop on improving the end product/process during the design (DFSS) phase. (Understand)

II. Six Sigma—Define (25 Questions)

A. Process Management for Projects
1. **Process elements**
   Define and describe process components and boundaries. Recognize how processes cross various functional areas and the challenges that result for process improvement efforts. (Analyze)
2. **Owners and stakeholders**
   Identify process owners, internal and external customers, and other stakeholders in a project. (Apply)
3. **Identify customers**
   Identify and classify internal and external customers as applicable to a particular project, and show how projects impact customers. (Apply)
4. **Collect customer data**
   Use various methods to collect customer feedback (e.g., surveys, focus groups, interviews, observation) and identify the key elements that make these tools effective. Review survey questions to eliminate bias, vagueness, etc. (Apply)
5. **Analyze customer data**
   Use graphical, statistical, and qualitative tools to analyze customer feedback. (Analyze)
6. **Translate customer requirements**
   Assist in translating customer feedback into project goals and objectives, including critical to quality (CTQ) attributes and requirements statements. Use voice of the customer analysis tools such as quality function deployment (QFD) to translate customer requirements into performance measures. (Apply)

B. Project Management Basics
1. **Project charter and problem statement**
   Define and describe elements of a project charter and develop a problem statement, including baseline and improvement goals. (Apply)
2. **Project scope**
   Assist with the development of project definition/scope using Pareto charts, process maps, etc. (Apply)
3. **Project metrics**
   Assist with the development of primary and consequential metrics (e.g., quality, cycle time, cost) and establish key project metrics that relate to the voice of the customer. (Apply)
4. **Project planning tools**
   Use project tools such as Gantt charts, critical path method (CPM), and program evaluation and review technique (PERT) charts, etc. (Apply)
5. **Project documentation**
   Provide input and select the proper vehicle for presenting project documentation (e.g., spreadsheet output, storyboards, etc.) at phase reviews, management reviews, and other presentations. (Apply)
6. **Project risk analysis**
   Describe the purpose and benefit of project risk analysis, including resources, financials, impact on customers and other stakeholders, etc. (Understand)
7. **Project closure**
   Describe the objectives achieved and apply the lessons learned to identify additional opportunities. (Apply)

C. Management and Planning Tools
Define, select, and use 1) affinity diagrams, 2) interrelationship digraphs, 3) tree diagrams, 4) prioritization matrices, 5) matrix diagrams, 6) process decision program (PDPC) charts, and 7) activity network diagrams. (Apply)

D. Business Results for Projects
1. **Process performance**
   Calculate process performance metrics such as defects per unit (DPU), rolled throughput yield (RTY), cost of poor quality (COPQ), defects per million opportunities (DPMO) sigma levels and process capability indices. Track process performance measures to drive project decisions. (Analyze)
2. **Failure mode and effects analysis (FMEA)**
   Define and describe failure mode and effects analysis (FMEA). Describe the purpose and use of scale criteria and calculate the risk priority number (RPN). (Analyze)

E. Team Dynamics and Performance
1. **Team stages and dynamics**
   Define and describe the stages of team evolution, including forming, storming, norming, performing, adjourning, and recognition. Identify and help resolve negative dynamics such as overbearing, dominant, or reluctant participants, the unquestioned acceptance of opinions as facts, groupthink, feuding, floundering, the rush to accomplishment, attribution, discounts, plops, digressions, tangents, etc. (Understand)
2. **Six Sigma and other team roles and responsibilities**
   Describe and define the roles and responsibilities of participants on Six Sigma and other teams, including Black Belt, Master Black Belt, Green Belt, Champion, executive, coach, facilitator, team member, sponsor, process owner, etc. (Apply)
3. **Team tools**
   Define and apply team tools such as brainstorming, nominal group technique, multi-voting, etc. (Apply)
4. **Communication**
   Use effective and appropriate communication techniques for different situations to overcome barriers to project success. (Apply)

III. Six Sigma—Measure (30 Questions)

A. Process Analysis and Documentation
1. **Process modeling**
   Develop and review process maps, written procedures, work instructions, flowcharts, etc. (Analyze)

2. **Process inputs and outputs**
Identify process input variables and process output variables (SIPOC), and document their relationships through cause and effect diagrams, relational matrices, etc. (Analyze)

B. **Probability and Statistics**
1. **Drawing valid statistical conclusions**
Distinguish between enumerative (descriptive) and analytical (inferential) studies, and distinguish between a population parameter and a sample statistic. (Apply)
2. **Central limit theorem and sampling distribution of the mean**
Define the central limit theorem and describe its significance in the application of inferential statistics for confidence intervals, control charts, etc. (Apply)
3. **Basic probability concepts**
Describe and apply concepts such as independence, mutually exclusive, multiplication rules, etc. (Apply)

C. **Collecting and Summarizing Data**
1. **Types of data and measurement scales**
Identify and classify continuous (variables) and discrete (attributes) data. Describe and define nominal, ordinal, interval, and ratio measurement scales. (Analyze)
2. **Data collection methods**
Define and apply methods for collecting data such as check sheets, coded data, etc. (Apply)
3. **Techniques for assuring data accuracy and integrity**
Define and apply techniques such as random sampling, stratified sampling, sample homogeneity, etc. (Apply)
4. **Descriptive statistics**
Define, compute, and interpret measures of dispersion and central tendency, and construct and interpret frequency distributions and cumulative frequency distributions. (Analyze)
5. **Graphical methods**
Depict relationships by constructing, applying and interpreting diagrams and charts such as stem-and-leaf plots, box-and-whisker plots, run charts, scatter diagrams, Pareto charts, etc. Depict distributions by constructing, applying and interpreting diagrams such as histograms, normal probability plots, etc. (Create)

D. **Probability Distributions**
Describe and interpret normal, binomial, and Poisson, chi square, Student's t, and F distributions. (Apply)

E. **Measurement System Analysis**
Calculate, analyze, and interpret measurement system capability using repeatability and reproducibility (GR&R), measurement correlation, bias, linearity, percent agreement, and precision/tolerance (P/T). (Evaluate)

F. **Process Capability and Performance**
1. **Process capability studies**
Identify, describe, and apply the elements of designing and conducting process capability studies, including identifying characteristics, identifying specifications and tolerances, developing sampling plans, and verifying stability and normality. (Evaluate)
2. **Process performance vs. specification**
Distinguish between natural process limits and specification limits, and calculate process performance metrics such as percent defective. (Evaluate)
3. **Process capability indices**
Define, select, and calculate C_p and C_{pk}, and assess process capability. (Evaluate)
4. **Process performance indices**
Define, select, and calculate P_p, P_{pk}, C_{pm}, and assess process performance. (Evaluate)
5. **Short-term vs. long-term capability**
Describe the assumptions and conventions that are appropriate when only short-term data are collected and when only attributes data are available. Describe the changes in relationships that occur when long-term data are used, and interpret the relationship between long- and short-term capability as it relates to a 1.5 sigma shift. (Evaluate)
6. **Process capability for attributes data**
Compute the sigma level for a process and describe its relationship to P_{pk}. (Apply)

 **Six Sigma—Analyze** (15 Questions)

A. **Exploratory Data Analysis**
1. **Multi-vari studies**
Create and interpret multi-vari studies to interpret the difference between positional, cyclical, and temporal variation; apply sampling plans to investigate the largest sources of variation. (Create)
2. **Simple linear correlation and regression**
Interpret the correlation coefficient and determine its statistical significance (p-value); recognize the difference between correlation and causation. Interpret the linear regression equation and determine its statistical significance (p-value). Use regression models for estimation and prediction. (Evaluate)

B. **Hypothesis Testing**
1. **Basics**
Define and distinguish between statistical and practical significance and apply tests for significance level, power, type I and type II errors. Determine appropriate sample size for various test. (Apply).
2. **Tests for means, variances, and proportions**
Define, compare, and contrast statistical and practical significance. (Apply)
3. **Paired-comparison tests**
Define and describe paired-comparison parametric hypothesis tests. (Understand)
4. **Single-factor analysis of variance (ANOVA)**
Define terms related to one-way ANOVAs and interpret their results and data plots. (Apply)
5. **Chi square**
Define and interpret chi square and use it to determine statistical significance. (Analyze)

Six Sigma—Improve and Control (15 Questions)

A. **Design of Experiments (DOE)**
1. **Basic terms**
Define and describe basic DOE terms such as independent and dependent variables, factors and levels, response, treatment, error, repetition, and replication. (Understand)
2. **Main effects**
Interpret main effects and interaction plots. (Apply)

B. **Statistical Process Control (SPC)**
1. **Objectives and benefits**
Describe the objectives and benefits of SPC, including controlling process performance, identifying special and common causes, etc. (Analyze)
2. **Rational subgrouping**
Define and describe how rational subgrouping is used. (Understand)
3. **Selection and application of control charts**
Identify, select, construct, and apply the following types of control charts: $\bar{X}$-R, $\bar{X}$-s, individuals and moving range (ImR/XmR), median ($\tilde{x}$), p, np, c, and u. (Apply)
4. **Analysis of control charts**
Interpret control charts and distinguish between common and special causes using rules for determining statistical control. (Analyze)

C. **Implement and Validate Solutions**
Use various improvement methods such as brainstorming, main effects analysis, multi-vari studies, FMEA, measurement system capability re-analysis, and post-improvement capability analysis to identify, implement, and validate solutions through F-test, t-test, etc. (Create)

D. **Control Plan**
Assist in developing a control plan to document and hold the gains, and assist in implementing controls and monitoring systems. (Apply)

Levels of Cognition
Based on Bloom's Taxonomy—Revised (2001)

In addition to content specifics, the subtext for each topic in this BOK also indicates the intended complexity level of the test questions for that topic. These levels are based on "Levels of Cognition" (from *Bloom's Taxonomy—Revised*, 2001) and are presented below in rank order, from least complex to most complex.

Remember (Knowledge Level)
Recall or recognize terms, definitions, facts, ideas, materials, patterns, sequences, methods, principles, etc.

Understand (Comprehension Level)
Read and understand descriptions, communications, reports, tables, diagrams, directions, regulations, etc.

Apply (Application Level)
Know when and how to use ideas, procedures, methods, formulas, principles, theories, etc.

Analyze (Analysis Level)
Break down information into its constituent parts and recognize their relationship to one another and how they are organized; identify sublevel factors or salient data from a complex scenario.

Evaluate (Evaluation Level)
Make judgments about the value of proposed ideas, solutions, etc., by comparing the proposal to specific criteria or standards.

Create (Synthesis Level)
Put parts or elements together in such a way as to reveal a pattern or structure not clearly there before; identify which data or information from a complex set are appropriate to examine further or from which supported conclusions can be drawn.

Visit **www.asq.org/certification** for comprehensive exam information.

Enhance your career with ASQ certification today!

Visit **www.asq.org/certification** for additional certification information including:

- Applications
- Available certifications and international language options
- Reference materials
- Study guides and test-taking tips
- Comprehensive exam information
- ASQ Sections
- International contacts
- Endorsements

ASQ
AMERICAN SOCIETY FOR QUALITY

600 N. Plankinton Ave.
Milwaukee, WI 53201-3005
t: 414-272-8575
800-248-1946
f: 414-272-1734
www.asq.org

Item B1506

Capítulo 5.

Quem é o *Master Black Belt* do *Lean* Seis Sigma?

"Todos pensam em mudar a humanidade, mas ninguém pensa em mudar a si mesmo."

Leon Tolstoi

Quais são as principais atribuições do *Master Black Belt*?

O *Master Black Belt* é o facilitador do *Lean* Seis Sigma nas empresas, auxiliando na definição das estratégias do programa e no apoio técnico aos demais "*Belts*". Ele deve ser escolhido dentre os *Black Belts* já certificados que estiverem demonstrando melhor desempenho e atua do seguinte modo:
- Assessora os *Sponsors* e os *Champions* no gerenciamento das atividades do *Lean* Seis Sigma e atua como orientador dos *Black Belts* e *Green Belts*.
- Tem dedicação full time ao *Lean* Seis Sigma (é totalmente desligado de suas atividades de rotina).
- Irá se reportar funcionalmente e hierarquicamente ao líder do *Lean* Seis Sigma (*Sponsor*, *Sponsor* Facilitador ou outro patrocinador do *Lean* Seis Sigma com nível hierárquico equivalente).

Dentre as principais atribuições do *Master Black Belt* é possível citar:
- Desenvolver pelo menos um projeto por ano em uma área de interesse estratégico para o negócio.
- Monitorar a performance e gerenciar as atividades do programa *Lean* Seis Sigma na empresa.
- Participar das reuniões executivas para apresentação de projetos aos *Sponsors*.
- Participar de reuniões das equipes de projetos com os *Champions*.
- Auxiliar os *Sponsors* e *Champions* na seleção de projetos e de candidatos a *Black Belts* e *Green Belts* e na elaboração dos *Business Cases* para os projetos selecionados.
- Fornecer suporte metodológico aos *Black Belts* e *Green Belts* durante a execução dos projetos.
- Treinar os *Yellow Belts* e *White Belts* e, a critério da empresa, os *Green Belts* e *Black Belts*.

No início da implementação do *Lean* Seis Sigma poucas organizações têm profissionais com o conhecimento e a experiência adequados, de modo que consultores externos frequentemente assumem o papel do *Master Black Belt*. Aos poucos, à medida que os *Black Belts* forem certificados, aqueles que demonstrem melhores habilidades de liderança e alcancem elevados níveis de respeito e reconhecimento em todos os escalões hierárquicos da empresa, poderão ser formados como *Master Black Belts*.

Quais são as competências do *Master Black Belt*?

As principais competências do *Master Black Belt* são:
- Conhecimento profundo da metodologia *Lean* Seis Sigma (concluir o treinamento para *Master Black Belts*).
- Compreensão global do negócio (visão estratégica e corporativa da empresa).

- Ótimo relacionamento e reconhecimento em todos os níveis da organização.
- Habilidades para:
    - Liderar mudanças.
    - Facilitar o trabalho em equipe.
    - Gerenciar conflitos.
    - Gerenciar projetos.
    - Fazer apresentações.

Treinamento para formação de Master Black Belts

Assim como no caso dos *Black Belts* e *Green Belts*, não existem requisitos oficiais e padronizados que devam ser atendidos para que uma empresa de consultoria ou qualquer outra organização possa certificar *Master Black Belts*. Conforme é apresentado no capítulo sobre a certificação de *Belts*, a American Society for Quality – ASQ ainda não instituiu seu exame para certificação de *Master Black Belts*.

No entanto, apesar de não existir um currículo padrão, as atividades abaixo devem fazer parte do treinamento:
- Participação no curso para formação de *Master Black Belts* (mínimo de duas semanas, com espaçamento de cerca de 30 dias entre elas e 40 horas de curso por semana).
- Desenvolvimento/coordenação de um projeto multifuncional que envolva uma equipe de *Black Belts* e *Green Belts*.

Uma visão geral do conteúdo programático mínimo do curso para formação de *Master Black Belts* é apresentado no capítulo sobre a certificação de "*Belts*". Conforme já foi destacado nesse capítulo, é importante que um *Master Black Belt*, como parte de suas habilidades, possua sólidos conhecimentos das ferramentas estatísticas. No entanto, ele também deve possuir excelentes competências para facilitar trabalhos em equipe, gerenciar mudanças, promover inovações e superar resistências. Um treinamento para formação de *Master Black Belts*, para ter credibilidade, deve enfatizar o desenvolvimento dessas competências e não apenas promover um *upgrade* em conhecimentos estatísticos.

♦ O que dizem os Master Black Belts?

Com o objetivo de ilustrar a importância dos aspectos mencionados acima são apresentados na **Figura 5.1** alguns depoimentos de *Master Black Belts* formados no Brasil a respeito de seu treinamento.

Depoimentos de *Master Black Belts* formados no Brasil.

FIGURA 5.1

O curso para formação de *Master Black Belts* proporcionou não só o preparo na parte técnica, mas também no que se refere ao relacionamento humano e gestão de pessoas, conseguindo dosar, de forma equilibrada, dois assuntos que são fundamentais para a formação de um *Master Black Belt*: ser um mentor técnico para os demais "Belts" da empresa e atuar como líder, através de uma rede de relacionamentos, do programa Lean Seis Sigma. O curso teve êxito em cumprir seus objetivos e vem preencher uma lacuna existente na formação dos "Belts". Domínio da técnica e da gestão de pessoas são condições fundamentais para o sucesso da equipe.

Antonio Piqueres
Gerente de Melhoria Contínua
Medabil Sistemas Construtivos SA

A conquista do título de *Master Black Belt* tem um significado ímpar na minha vida profissional e pessoal. É desnecessário comentar que o caminho é de muito trabalho e estudo, mas que produz um forte sentimento de realização.

Carlos Eduardo de Campos
Coordenação Kaizen – INA
Schaeffler Brasil

O curso de *Master Black Belt* foi excelente, pois abordou aspectos que nos proporcionam uma visão holística da gestão do programa Lean Seis Sigma, não apenas com aspectos técnicos, mas principalmente com uma abordagem comportamental. A carga horária (120 horas) foi ideal.

Diego Pellini
Master Black Belt
MWM INTERNATIONAL Motores

Achei que o curso para formação de *Master Black Belts* agregou muito conhecimento e troca de experiências entre os participantes. Não somente os assuntos técnicos foram abordados ao longo do curso, mas também questões relevantes referentes aos aspectos comportamentais e motivacionais do fator humano. Os instrutores demonstraram conhecimento profundo dos temas abordados, tendo enriquecido a parte teórica com diversos exemplos práticos e atividades em sala de aula. O investimento de 120 horas nesse curso permitiu aprofundar o conhecimento em técnicas, conceitos e gestão de projetos *Lean Six Sigma (DMAIC)* e de desenvolvimento de novos produtos e novos processos (Design for Six Sigma - DFSS). Valeu a pena!!!

Dionísio Abreu
Coordenador Seis Sigma
Villares Metals

É singular a sensação de conquista por ter participado do processo que certificou a primeira turma de *Masters Black Belts* do Brasil. O conteúdo programático estabelecido para a formação de *Masters Black Belts*, além de completo, é superior. Além disso, é inovador porque inclui tópicos relacionados à gestão de pessoas, uma disciplina crítica para o sucesso de gerenciamento de projetos. Somente a experiência nos leva a perceber que os resultados dependem de pessoas. Assim, gente é o que faz diferença.

Esequias Rodrigues
Coordenador de Competitividade e Gestão
Votorantim Metais – Negócio Níquel

Conquistar o título de *Master Black Belt* foi meu objetivo desde 2006 e, agora que o possuo, tenho a possibilidade de almejar outros objetivos, como, por exemplo, aprimorar ainda mais meus conhecimentos e meu crescimento profissional, de maneira rápida e eficiente. Através dos ensinamentos do treinamento posso também disseminar a cultura Lean Seis Sigma dentro da empresa, que apostou em mim e agora, com certeza, irá colher os frutos desse treinamento.

Renato de Souza
Coordenação Kaizen - FAG
Schaeffler Brasil Ltda.

O treinamento para formação de *Master Black Belts* proporciona a oportunidade de revisão e aplicação dos conceitos técnicos e de liderança em projetos Lean Seis Sigma. Colocando em prática o que foi aprendido no curso é impossível não gerar as transformações nos processos e o surgimento das condições ideais para o crescimento e o sucesso da empresa.

Ronaldo M. Coelho
Quality Project Office
Motorola

Para encerrar, é importante ressaltar que a performance dos *Master Black Belts* deve ser periodicamente avaliada pelo líder do *Lean* Seis Sigma na organização, levando em conta os seguintes aspectos:

- Eficácia do *Master Black Belts* para trabalhar com os gestores que compõem a alta administração da empresa.
- Habilidade para realizar *coaching* e mentoração de *Black Belts* e de seus projetos.
- Aptidão para liderar mudanças.
- Demonstração de elevada competência para o gerenciamento de projetos multifuncionais.
- Habilidade para detectar oportunidades que gerem resultados estratégicos para o negócio.

Capítulo 6.

Como empregar o *Lean* Seis Sigma em serviços?

"Não há nada permanente, exceto a mudança."

Heráclito

- **Quais são as particularidades da aplicação do *Lean* Seis Sigma em serviços e áreas administrativas?**

Nas palavras de Bob Galvin, ex-CEO da Motorola, "a falta inicial de ênfase do Seis Sigma em áreas administrativas foi um erro que custou à empresa pelo menos cinco bilhões de dólares em um período de quatro anos". Esse depoimento ilustra muito bem que o *Lean* Seis Sigma não pode ficar restrito apenas às áreas de manufatura. A **Figura 6.1** também mostra as inúmeras oportunidades para a eliminação de desperdícios existentes em serviços, as quais podem originar projetos *Lean* Seis Sigma.

FIGURA 6.1

Exemplos de desperdícios em áreas administrativas e de serviços.

Tipos de desperdício	Exemplos
Defeitos	Erros em faturas, pedidos, cotações de compra de materiais.
Excesso de produção	Processamento e/ou impressão de documentos antes do necessário, aquisição antecipada de materiais.
Estoque	Material de escritório, catálogos de vendas, relatórios.
Processamento desnecessário	Relatórios não necessários ou em excesso, cópias adicionais de documentos, reentrada de dados.
Movimento desnecessário	Caminhadas até o fax, copiadora, almoxarifado.
Transporte desnecessário	Anexos de e-mails em excesso, aprovações múltiplas de um documento.
Espera	Sistema fora do ar ou lento, ramal ocupado, demora na aprovação de um documento.

No entanto, a implementação do *Lean* Seis Sigma em serviços e áreas administrativas é mais desafiadora, principalmente, porque, nesses setores, estão envolvidos processos de trabalho "invisíveis", cujos fluxos e procedimentos podem ser facilmente alterados, o que pode dificultar a coleta de dados e a aplicação de técnicas de análise mais sofisticadas. Além disso, as ferramentas da qualidade têm maior tradição de uso em manufatura do que em serviços. Para que essas dificuldades possam ser vencidas, é necessário definir os aspectos subjetivos presentes nos processos de prestação de serviços de modo claro, mensurável e correlacionado aos objetivos que se busca alcançar (por exemplo, ter a definição precisa e sem ambiguidades do que é, ou não, um defeito). Outro aspecto fundamental para a garantia do sucesso é a alocação aos projetos do tempo necessário para a introdução de sistemas de medição.

Também é importante que alguns dos primeiros projetos *Lean* Seis Sigma tenham como metas os "grandes problemas" da área, os quais não foram resolvidos em tentativas anteriores – há sempre grandes oportunidades desse tipo no setor de prestação de serviços.

Um último alerta, no que diz respeito à implementação do programa em serviços, é que se evite a "overdose" de estatística – esse é um dos motivos pelos quais os cursos de treinamento para especialistas do *Lean* Seis Sigma que atuam em serviços e áreas administrativas devem ser diferentes dos cursos equivalentes para formação de especialistas que trabalham em manufatura.

Os exemplos de projetos *Lean* Seis Sigma em serviços e áreas administrativas mostrados abaixo ilustram que a implementação do programa é plenamente possível:

- Reduzir em 50% o volume total de produtos não faturados por incapacidade de atendimento aos pedidos.
- Reduzir em 30% o custo de armazenagem de produtos.
- Eliminar a ocorrência de diferenças entre o valor negociado com o cliente e o valor na nota fiscal emitida.
- Diminuir em 50% o custo do frete proveniente de pedidos recusados pelo mercado.
- Reduzir em 50% o prazo de entrega de peças de reposição para as regiões sul e sudeste dos itens A.
- Reduzir em 30% os custos dos estoques de itens indiretos na unidade.
- Aumentar em 50% o índice de satisfação dos consumidores em relação ao atendimento da Rede Autorizada.

- Reduzir em 50% o tempo de fechamento dos balanços contábeis.
- Reduzir em 40% o tempo de ciclo do processo de pagamento a fornecedores.
- Reduzir em 50% os custos de transações financeiras eletrônicas.

Para finalizar, é apropriado ressaltar que as principais métricas para avaliação da performance de processos de serviços, usadas nos projetos *Lean* Seis Sigma, são exatidão, custo, satisfação dos clientes e tempo de ciclo.

Capítulo 7.
É possível aplicar o *Lean* Seis Sigma na gestão de serviços de saúde?

"Pessoas às vezes ficam presas às suas cargas mais que as cargas são presas a elas."

George Bernard Shaw

◆ Como aplicar o *Lean* Seis Sigma na área da saúde?

Hospitais e laboratórios de medicina diagnóstica são muito similares a fábricas: altos volumes estão envolvidos, os mesmos procedimentos são repetidos de modo regular e os processos são muito dependentes de equipamentos. Portanto, vários métodos usados na otimização de fábricas também funcionam – e muito bem – em hospitais e laboratórios. Além disso, é natural aplicar o programa na área da saúde porque é usualmente necessário nesse setor alcançar níveis de qualidade Seis Sigma ou superiores. Vale lembrar que, em 2001, o Institute of Medicine, nos Estados Unidos, tratou das questões ligadas à qualidade e estabeleceu seis objetivos para a saúde: "o atendimento deve ser seguro, eficaz, com foco no paciente, oportuno, eficiente e justo."

É importante ressaltar que muitas das métricas dos projetos *Lean* Seis Sigma estão associadas à qualidade do atendimento, e não a ganhos financeiros. Isso ocorre porque os profissionais da área da saúde são muito mais motivados por questões associadas à segurança dos pacientes e à qualidade dos serviços prestados do que por resultados financeiros. No entanto, o *Lean* Seis Sigma deve ser aplicado em todo o sistema, e não apenas aos setores de atendimento direto aos clientes.

Também é válido destacar que a aplicação de técnicas estatísticas já é algo histórico em testes clínicos realizados pela indústria farmacêutica, o que facilita a disseminação do *Lean* Seis Sigma nesse setor.

As principais categorias de projetos *Lean* Seis Sigma na área da saúde são:
- Aumentar o número de admissões.
- Reduzir o tempo de espera para atendimento.
- Aumentar a eficiência de processos.
- Reduzir o uso inadequado de materiais.
- Reduzir deficiências.
- Melhorar a alocação de recursos humanos.
- Melhorar a utilização de instalações e equipamentos.

Nos Estados Unidos, muitas empresas da área da saúde, incluindo grandes hospitais, estão aplicando o *Lean* Seis Sigma. A revista *iSixSigma Magazine*, em sua edição de janeiro/fevereiro de 2008, apresenta como destaque de capa uma matéria sobre o assunto. Nessa reportagem são apresentados os casos de três hospitais, cujos pontos principais destacamos na **Figura 7.1**[1].

FIGURA 7.1[1] — Breve visão do Lean Seis Sigma em três hospitais norte-americanos.

Instituição	The Johns Hopkins Hospital	Mayo Clinic	NewYork-Presbyterian Hospital
Início do Lean Seis Sigma	2004	2006	2004
Número de "Belts"	Green Belts: > 75 Master Black Belts: 4	Mais de 400 pessoas já participaram do programa.	Green Belts: > 200 Black Belts: > 26 Master Black Belts: 4
Exemplo de projeto	Redução do desperdício de sangue para menos de 2% das unidades processadas, gerando um aproveitamento de mais de 2.500 unidades e um ganho financeiro superior a 500 mil dólares.	Redução do tempo de ciclo entre o contato inicial do paciente com o Rochester Transplant Center e a primeira consulta de 45 para 3.	Redução da variância no tempo de internação em 13% no campus de Cornell e em 26% no campus de Columbia.
Objetivos do Lean Seis Sigma	Melhorar a segurança, qualidade e eficiência do sistema de atendimento do hospital; criar uma cultura de melhoria contínua; compartilhar amplamente os resultados e lições aprendidas.	Melhorar e demonstrar qualidade, segurança, serviço e valor.	Aumentar a receita; aumentar o rendimento e a eficiência dos departamentos de internação e emergência.

No Brasil, alguns exemplos de projetos na área da saúde foram apresentados pelo Hospital do Câncer na Conferência Six Sigma, promovida pelo IBC no período de 20 e 21/09/2006:

- Reduzir o tempo de espera e aumentar a capacidade de atendimento na central de quimioterapia.
- Reduzir o tempo de espera de pacientes para atendimento no ambulatório de curativos.
- Adequar as datas de pagamentos às entradas de caixa.
- Aumentar a produtividade do processo de criobiologia.
- Adequar o consumo, estoque e reposição de materiais usados no centro cirúrgico.
- Agilizar a preparação e digitação de todos os atendimentos de posse do faturamento.

Para um aprofundamento no tema da aplicação do Lean Seis Sigma na área da saúde sugerimos a leitura do excelente livro intitulado Improving Healthcare Quality and Cost with Six Sigma[2]. Essa é uma obra fácil de ler, abrangente e repleta de exemplos e estudos de caso.

Capítulo 8.

Como empregar o *Lean* Seis Sigma em médias e pequenas empresas?

"Apenas porque tudo é diferente não significa que algo mudou."

Irene Peter

♦ O que é diferente nas médias e pequenas empresas?

Para a implementação do Lean Seis Sigma nas pequenas e médias empresas é especialmente importante que sejam tomados todos os cuidados para garantir os seguintes aspectos:
- Elevado patrocínio dos dirigentes.
- Resultados dos projetos traduzidos para a linguagem financeira.
- Adequado tempo de dedicação dos especialistas ao desenvolvimento dos projetos.
- Primeiros resultados concretizados no curto prazo.

O atendimento ao quesito adequado tempo de dedicação dos especialistas ao desenvolvimento dos projetos é bastante crítico nessa situação, já que é comum que os profissionais exerçam simultaneamente diversas funções, o que dificulta sua focalização na execução dos projetos Lean Seis Sigma.

Vale notar que, para uma pequena ou média organização, poderá ser inviável realizar o treinamento para uma turma constituída, exclusivamente, por seus profissionais. Nesse caso, a empresa poderá participar de um treinamento do tipo "multiempresas". No entanto, para que esse tipo de programa de formação tenha sucesso, a estrutura do curso, o conteúdo programático e a assistência ao desenvolvimento dos projetos devem seguir o mesmo padrão utilizado nos treinamentos regularmente oferecidos a empresas de grande porte. Ou seja, as fases de indicação de candidatos, definição de projetos, oferecimento do curso para formação dos especialistas, orientação aos projetos práticos e certificação devem fazer parte do treinamento "multiempresas".

Capítulo 9.
Por que usar *softwares* para gestão do negócio *Lean* Seis Sigma?

"Nem tudo o que se enfrenta pode ser modificado, mas nada pode ser modificado até que seja enfrentado."

Helena Besserman Viana

- **Quais indicadores de performance (*KPIs*) do *Lean* Seis Sigma devem ser monitorados?**

    Um dos elementos contribuintes para a eficiência e a eficácia do processo de implementação do *Lean* Seis Sigma é o estabelecimento e o monitoramento de um conjunto de métricas – indicadores de performance (*KPIs*) – que orientem o melhor direcionamento dos esforços e recursos da organização e permitam a adoção de medidas corretivas ou preventivas, quando necessário. Esses indicadores devem ser financeiros, gerenciais, técnicos ou estatísticos, garantindo uma visualização das tendências ao longo do tempo. Alguns possíveis *KPIs* do *Lean* Seis Sigma são listados a seguir:

    - Número de profissionais treinados (*Black Belts*, *Green Belts*, *Yellow Belts*, *White Belts*).
    - Número de profissionais certificados (*Black Belts*, *Green Belts*, *Yellow Belts*, *White Belts*).
    - Número de projetos concluídos.
    - Número de projetos em desenvolvimento.
    - Taxa de cancelamento de projetos.
    - Impacto financeiro para o negócio: taxa de retorno, ganho médio por projeto e ganhos reais *versus* ganhos esperados.
    - Percentual de executivos (gestores) treinados.
    - Percentual de *Black Belts* e *Green Belts* desenvolvendo novos projetos (pós-certificação).
    - Número de projetos por *Black Belt* e *Green Belt*.
    - Etapa do método *DMAIC* ou *DMADV* em que estão os projetos.
    - Tempo médio de duração dos projetos.
    - Número médio de dias para execução de cada etapa do *DMAIC* e do *DMADV*.

    É importante que, sempre que fizer sentido, os *KPIs* sejam estratificados por área, diretoria ou unidade de negócio, por exemplo, e que seja realizada a comparação planejado *versus* realizado. Vale destacar que o valor alvo de cada indicador irá depender, principalmente, da estrutura da empresa, do tipo de negócio e do tempo decorrido desde o início da adoção do *Lean* Seis Sigma.

- **Quais são as vantagens da utilização de um *software* para o monitoramento dos *KPIs* do *Lean* Seis Sigma?**

    Os *softwares* específicos para gestão do *Lean* Seis Sigma permitem o fácil monitoramento dos *KPIs*, além do gerenciamento individual dos projetos em andamento, com sinalizadores que indicam a direção do projeto e os desvios de prazos estipulados para o desenvolvimento de cada fase do *DMAIC* ou do *DMADV*. Os *softwares*, além de outras funcionalidades, também dispõem de recursos para análise do portfólio de projetos, permitindo que sejam avaliados e priorizados os projetos a serem desenvolvidos, com atividades de aprovação pelos diversos níveis organizacionais da empresa. Além disso, os *softwares* funcionam como ferramentas para gestão do conhecimento, facilitando a transferência e replicação dos benefícios gerados pelos projetos nas diferentes áreas da organização.

Portanto, por meio do emprego de um *software* para gestão do Lean Seis Sigma, a alta administração pode acompanhar de perto os resultados gerados pelo programa, de qualquer local e de forma *on-line*.

Capítulo 10.

Por que replicar projetos *Lean* Seis Sigma?

"Tudo pode ser mudado, mas nada será mudado até que se comece."

T. S. Eliot

♦ **Quais são as vantagens da replicação?**

Grande parte das organizações possui múltiplos negócios, processos ou equipamentos similares. Portanto, no *Lean* Seis Sigma, a replicação dos resultados de um projeto já concluído pode ser tão importante quanto a finalização de novos projetos. Por exemplo, se uma empresa fabrica um determinado produto em 13 diferentes plantas espalhadas em um determinado país, usando equipamentos e procedimentos praticamente idênticos, as melhorias implementadas em uma fábrica poderão ser transferidas para as outras 12 localidades. Os principais ganhos resultantes da replicação são:

- Ampliação do retorno financeiro.
- Redução de complexidades.
- Fomento à economia de escala.
- Estímulo às melhores práticas.

♦ **Que estratégias podem ser usadas para a replicação?**

Conforme observado por A. Blanton Godfrey[1] e apresentado na **Figura 10.1**, existem quatro tipos de estratégias para a replicação de projetos *Lean* Seis Sigma.

Muitas empresas usam uma combinação das estratégias mostradas na **Figura 10.1**. Uma montadora japonesa, por exemplo, realizou uma conferência internacional com mil apresentadores. Cada apresentador, além de mostrar seu projeto, teve que escolher quatro outras apresentações e aprender em detalhes como os resultados foram alcançados em cada uma delas para, a seguir, replicar esses projetos em sua unidade de negócio. O prazo concedido para isso foi de seis meses de trabalho *full-time* no projeto, com a concessão dos recursos necessários (tempo de profissionais para suporte e recursos monetários). Nesse caso a montadora combinou as estratégias inspiratória e direcionada para transformar mil projetos de destaque em cinco mil[2].

FIGURA 10.1 — Estratégias para a replicação de projetos Lean Seis Sigma.[1]

Estratégia	Descrição
Planejada	Desde o nascimento do projeto, a empresa planeja replicar, de modo amplo, os métodos, as alterações implementadas e os resultados. Essa estratégia é usualmente aplicada no desdobramento de um projeto muito amplo (por exemplo, reduzir defeitos na pintura de um produto fabricado em uma determinada planta) em partes menores e gerenciáveis (focar em um único defeito e apenas uma linha de produção): após a finalização de uma dessas partes, o projeto é estendido às demais, usando essa parte como modelo.
Oportunista	Ocorre quando a replicação não foi planejada, mas os resultados são tão impressionantes e atraentes que um líder na organização decide replicar amplamente os resultados. Muitas vezes o projeto original não pode ser clonado, mas os mesmos métodos podem ser usados para a obtenção de resultados similares.
Direcionada	Ocorre quando um líder na empresa fica impressionado ao saber que uma unidade de negócio alcançou uma melhoria muito significativa em um de seus indicadores de performance e, a partir daí, estabelece metas similares para todas as unidades.
Inspiratória	É a forma de replicação mais comum, mas também é a mais fraca. Ocorre quando as pessoas esperam que a divulgação, em toda a empresa, dos resultados alcançados em um projeto, fará com que os colaboradores fiquem inspirados para tentar copiar esse projeto e alcançar resultados similares.

- **Por que a replicação de projetos pode ser um desafio?**

    As dificuldades para a replicação de projetos podem decorrer da falta dos seguintes fatores[3]:
    - **Comunicação**: ninguém na organização está ciente que um determinado processo foi aprimorado.
    - **Capacidade de transferência**: apesar de ser possível aplicar as bases da ideia em outros lugares, nuanças locais tornam impossível simplesmente implementar a solução completa.
    - **Processos e sistemas eficazes para transferência do conhecimento**: apesar de os donos do processo em outras localidades estarem cientes de que uma equipe obteve melhorias, a

ausência de mecanismos eficazes para compartilhamento dos resultados impede a adoção das melhores práticas.
- **Incentivos para adoção das melhores práticas**: o fenômeno do "não inventado aqui" impede que muitas empresas adotem práticas de sucesso em outros lugares.

Um mecanismo para fomentar a replicação de projetos é sugerido por Thomas Bertels[4]: adicionar um "índice de replicação" às métricas de performance usadas para a avaliação dos gestores. Esse procedimento pode ser útil para favorecer a focalização da atenção em oportunidades latentes existentes na organização.

◆ Por que a gestão do conhecimento é importante para a replicação?

Para a replicação dos projetos, é importante que a empresa disponha de um sistema para gerenciamento do *Lean* Seis Sigma que agregue diversos conceitos relativos ao processo de gestão do conhecimento, permitindo que todas as informações dos projetos estejam em uma base de conhecimentos única da organização. Alguns aspectos relevantes referentes à gestão do conhecimento são:

- **Centralização das Informações**: todos os documentos e as informações utilizadas para o estudo, planejamento e execução de um determinado projeto devem ser armazenados em um local centralizado, permitindo seu acesso de qualquer localidade, evitando os clássicos problemas decorrentes de partes das informações de um projeto encontrarem-se alocadas em computadores distintos. Isto permite uma visão global do projeto, a qualquer momento e de qualquer localidade.
- **Distribuição do Conhecimento**: através da centralização das informações, os dados úteis de outros projetos em curso ou finalizados devem estar sempre à disposição para serem utilizados, evidenciando seus acertos e erros, possibilitando a maior ocorrência dos acertos em detrimento dos erros. Também é ideal que exista um ambiente de colaboração através de fóruns de discussão, possibilitando a troca de conhecimento entre os diversos integrantes do programa *Lean* Seis Sigma, devendo ser possível o registro organizado dessas informações, o que cria uma base extremamente rica de conhecimento agregado, bastante útil a futuros projetos.
- **Gestão *On-line***: é ideal que as informações sobre o resultado e o andamento dos projetos sempre possam ser acessadas de qualquer local de forma *on-line*. A cada nova informação de investimento ou ganho de um projeto, o resultado global da empresa estará sempre atualizado.

Capítulo 11.

Por que a gestão por processos e o *Lean* Seis Sigma representam uma combinação de alto impacto?

"Se os fatos não se ajustam à teoria, mude os fatos."

Albert Einstein

- **Por que a gestão por processos e o *Lean* Seis Sigma formam uma aliança de grande efeito?**

A gestão por processos é um modelo de gestão organizacional orientado para o gerenciamento da empresa com foco nos processos, com responsabilidades de ponta a ponta atribuídas ao gestor de cada processo, cuja função é dirigir a performance do mesmo e garantir que as necessidades dos clientes e do negócio sejam satisfeitas. A popularidade do *Lean* Seis Sigma tem levado um número crescente de organizações a considerar a ideia de usar a gestão por processos como estrutura básica para a implementação da estratégia (**Figura 11.1**). A **Figura 11.2** ilustra por que a gestão por processos e o *Lean* Seis Sigma representam uma combinação poderosa.

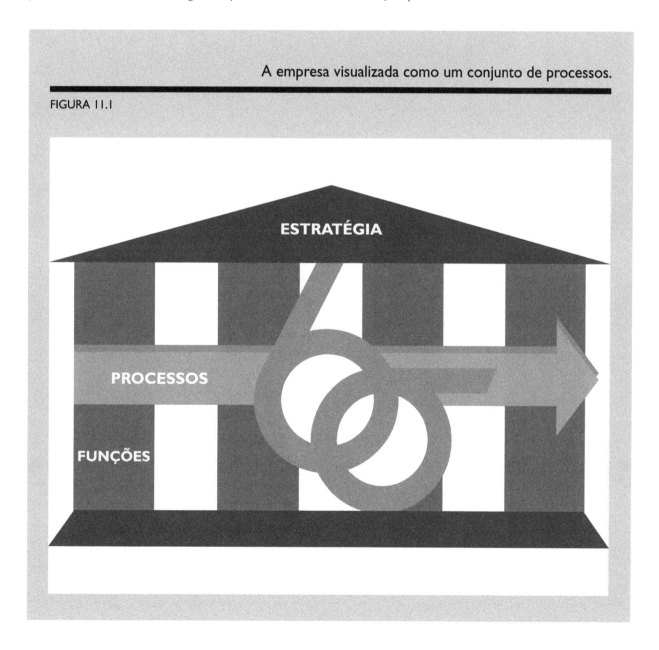

A empresa visualizada como um conjunto de processos.

FIGURA 11.1

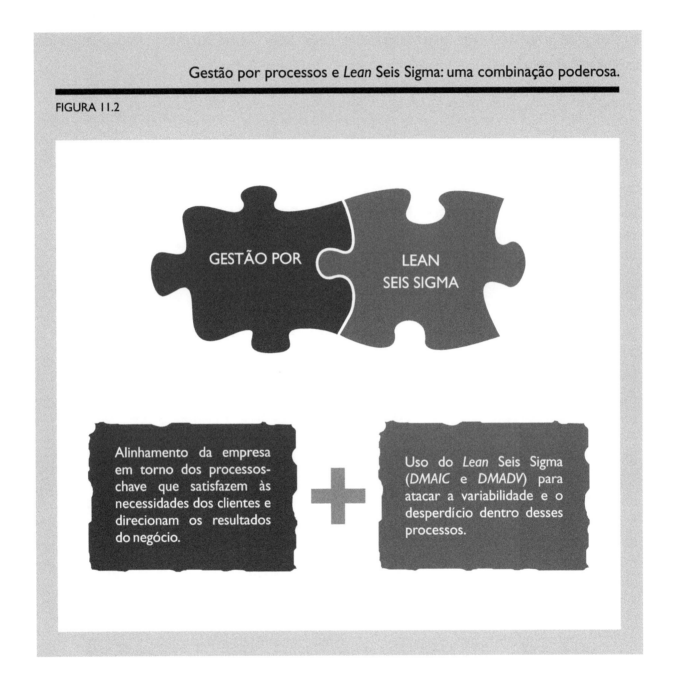

FIGURA 11.2 — Gestão por processos e *Lean* Seis Sigma: uma combinação poderosa.

- ◆ **Na implementação do *Lean* Seis Sigma, quais são os principais aspectos que podem ser facilitados pela gestão por processos?**

    A gestão por processos facilita:
    - O alinhamento das necessidades dos clientes às metas dos processos.
    - A seleção de projetos estratégicos de alto impacto.
    - A mudança de cultura, por meio da disseminação, em toda a empresa, do raciocínio baseado em fatos e dados.

- A manutenção dos ganhos, por meio da integração das métricas estabelecidas em projetos Lean Seis Sigma individuais em uma estrutura mais ampla, que cobre todos os processos.

♦ **Como a gestão por processos facilita o alinhamento das necessidades dos clientes às metas dos processos?**

A Voz do Cliente (**Figura 11.3**) é usada nos projetos Lean Seis Sigma para descrever as necessidades e expectativas dos clientes e suas percepções quanto aos produtos da empresa. Por meio do uso da Voz do Cliente a empresa pode estabelecer um relacionamento direto entre as metas para os resultados dos processos e as necessidades dos clientes. Além disso, podem ser executados projetos Lean Seis Sigma que tenham o objetivo de melhorar os processos críticos que governam a satisfação e a fidelização dos clientes.

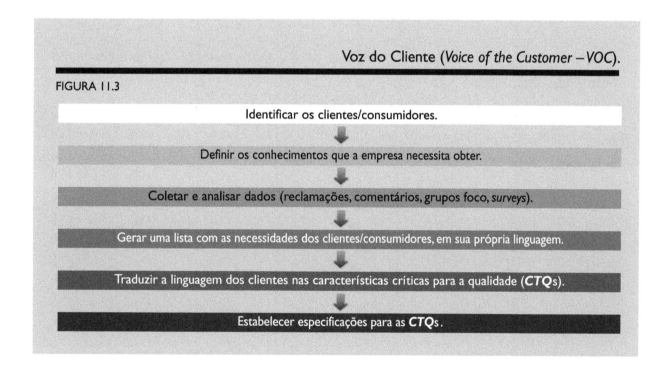

♦ **Como a gestão por processos facilita a seleção de projetos estratégicos de alto impacto?**

A seleção de projetos estratégicos é favorecida porque a gestão por processos oferece uma visão abrangente de todos os processos que compõem o negócio e das etapas desses processos que não estão apresentando desempenho adequado. Sendo assim, é mais fácil identificar projetos que apresentem as principais características de um bom projeto Lean Seis Sigma:

- Forte contribuição para o alcance das metas estratégicas da empresa.
- Grande colaboração para o aumento da satisfação dos clientes.
- Grande impacto para a melhoria da performance da organização (ganho mínimo de 50% em qualidade, ganho financeiro mínimo relevante para o porte e tipo de negócio da empresa, desenvolvimento de novos produtos ou novos processos, por exemplo).
- Elevado patrocínio da alta administração e dos demais gestores envolvidos.

◆ **Por que a gestão por processos facilita a mudança de cultura associada à implementação do Lean Seis Sigma?**

Uma das principais mudanças trazidas pelo Lean Seis Sigma é o gerenciamento fundamentado em fatos e dados, que também é um dos pilares da gestão por processos, que enfatiza o aspecto de que esse procedimento deve ser também – e principalmente! – adotado pelos líderes da empresa.

◆ **Como a gestão por processos contribui para a manutenção dos ganhos gerados pelo Lean Seis Sigma?**

Durante a etapa Control do método DMAIC (**Figura 11.4**), se a meta do projeto Lean Seis Sigma foi atingida em larga escala, as alterações realizadas no processo em consequência das soluções adotadas devem ser padronizadas. Nesse sentido, novos procedimentos operacionais padrão devem ser estabelecidos ou os procedimentos antigos devem ser revisados.

Etapa *Control* do método *DMAIC*.

FIGURA 11.4

C	Atividades	Ferramentas
Control: garantir que o alcance da meta seja mantido a longo prazo.	Avaliar o alcance da meta em larga escala.	• Avaliação de Sistemas de Medição / Inspeção *(MSE)* • Diagrama de Pareto • Carta de Controle • Histograma • Índices de Capacidade • Métricas do Seis Sigma • Mapeamento do Fluxo de Valor *(VSM Futuro)* • Métricas *Lean*
	A meta foi alcançada? **NÃO** → Retornar à etapa *M* ou implementar o *Design for Six Sigma (DFSS)*. **SIM** ↓	
	Padronizar as alterações realizadas no processo em consequência das soluções adotadas.	• Procedimentos Padrão • 5S • *TPM* • *Poka-Yoke* (Mistake-Proofing) • Gestão Visual
	Transmitir os novos padrões a todos os envolvidos.	• Manuais • Reuniões • Palestras • *On the Job Training - OJT* • Procedimentos Padrão • Gestão Visual
	Definir e implementar um plano para monitoramento da performance do processo e do alcance da meta.	• Avaliação de Sistemas de Medição / Inspeção *(MSE)* • Plano p/ Coleta de Dados • Amostragem • Carta de Controle • Histograma • Índices de Capacidade • Métricas do Seis Sigma • Aud. do Uso dos Padrões • Mapeamento do Fluxo de Valor *(VSM Futuro)* • Métricas *Lean* • *Poka-Yoke* (Mistake-Proofing)
	Definir e implementar um plano para tomada de ações corretivas caso surjam problemas no processo.	• Relatórios de Anomalias • *Out of Control Action Plan – OCAP*
	Sumarizar o que foi aprendido e fazer recomendações para trabalhos futuros.	

FIGURA 11.4 — Etapa *Control* do método *DMAIC*.

Perguntas-chave do *Control*

- A meta global foi alcançada?
- Foi obtido o retorno financeiro previsto?
- Foram criados ou alterados padrões para a manutenção dos resultados?
- As pessoas das áreas envolvidas com o cumprimento dos novos padrões foram treinadas?
- Quais variáveis do processo serão monitoradas e como elas serão acompanhadas?
- Como será o acompanhamento do processo com base no sistema de monitoramento (planos de manutenção corretiva e preventiva)?
- O que foi aprendido e quais as recomendações da equipe?

Os procedimentos operacionais padrão devem incorporar mecanismos que garantam a realização de atividades "à prova de erro" (*Mistake-Proofing* ou *Poka-Yoke*), de modo a enfatizar a detecção e correção de erros, antes que estes se transformem em defeitos transmitidos para o cliente. Também é muito importante que os novos padrões sejam divulgados para todos os envolvidos, por meio da elaboração de manuais de treinamento e da realização de palestras, reuniões e treinamento no trabalho (*On the Job Training – OJT*). É fundamental que os padrões sejam claros, com utilização de figuras e símbolos que facilitem o seu entendimento e estejam disponíveis no local e na forma necessários.

A próxima fase da etapa *Control* consiste em definir e implementar um plano para monitoramento da performance do processo e do alcance da meta, por meio do acompanhamento das métricas estabelecidas pelo projeto. Essa fase é muito importante para impedir que o problema já resolvido ocorra novamente no futuro devido, por exemplo, à desobediência aos padrões. Também deve ser definido e implementado um plano para a tomada de ações corretivas, caso surjam problemas no processo. Esse plano deve contemplar o uso de Relatórios de Anomalias e do *Out of Control Action Plan* – OCAP.

Apesar de todas as atividades relacionadas acima constituírem partes formais da etapa *Control*, a gestão por processos favorece a integração desses procedimentos a um sistema de controle de ponta a ponta, o que representa uma forte garantia de que os ganhos serão mantidos após o encerramento de cada projeto individual *Lean* Seis Sigma.

Capítulo 12.

Como ocorre a integração entre o *Design for Lean Six Sigma (DFLSS)* e a Metodologia de Gerenciamento de Projetos *PMBoK*?

"A dificuldade reside não nas novas ideias, mas em escapar das velhas ideias."

John Maynard Keynes

• **Quais são as bases do Seis Sigma e do *Design for Six Sigma (DFSS)*?**

Conforme foi apresentado no capítulo 1, o Seis Sigma é uma estratégia gerencial disciplinada e altamente quantitativa, que tem como objetivo aumentar expressivamente a performance e a lucratividade das empresas, por meio da melhoria da qualidade de produtos e processos e do aumento da satisfação de clientes e consumidores. Ele nasceu na Motorola, em 15 de janeiro de 1987, e foi celebrizado pela GE, a partir da divulgação, feita com destaque pelo CEO Jack Welch, dos expressivos resultados financeiros obtidos pela empresa através da implantação da metodologia (por exemplo, ganhos de 1,5 bilhão de dólares em 1999).

A lógica do programa é apresentada na **Figura 12.1**. O Seis Sigma enfoca os objetivos estratégicos da empresa e estabelece que todos os setores-chave para a sobrevivência e sucesso futuros da organização possuam metas de melhoria baseadas em métricas quantificáveis, que serão atingidas por meio de um esquema de aplicação projeto por projeto. Os projetos são conduzidos por equipes lideradas pelos especialistas do Seis Sigma (*Black Belts* ou *Green Belts*), com base nos métodos **DMAIC** (*Define, Measure, Analyze, Improve, Control*) e **DMADV** (*Define, Measure, Analyze, Design, Verify*). O método *DMAIC* é usado como a abordagem padrão para a condução dos projetos Seis Sigma de melhoria de desempenho de produtos e processos. Já o *DMADV* (**Figuras 12.2 a 12.10**) é o método para implantação do ***Design for Six Sigma* (DFSS)**, sendo utilizado em projetos cujo escopo é o desenvolvimento de novos produtos e processos.

Vale destacar que uma das tendências irreversíveis do Seis Sigma é sua integração ao *Lean Manufacturing*, de modo que a empresa usufrua os pontos fortes de ambas estratégias[1]. O programa resultante dessa integração é denominado **Lean Seis Sigma**, uma estratégia mais abrangente, poderosa e eficaz em que cada uma das partes individualmente é adequada para a solução de todos os tipos de problemas relacionados à melhoria de processos e produtos e também para a criação de novos processos e produtos. Nesse contexto, a combinação do *DFSS* com os princípios e ferramentas do *Lean* dá origem ao **Design for Lean Six Sigma – DFLSS**.

Lógica do Seis Sigma.

FIGURA 12.1

Seis Sigma
- Foco no alcance das metas estratégicas da empresa, determinadas pela alta administração.
- Uso de ferramentas e métodos mais complexos:
  - Melhoria de produtos e processos existentes: *DMAIC*.
  - Criação de novos produtos e processos: *DMADV* (*Design for Six Sigma – DFSS*).
- Treinamentos específicos para formação de especialistas ("*Belts*") que conduzirão projetos Seis Sigma.

Aumento da lucratividade da empresa
- Redução de custos.
- Otimização de produtos e processos.
- Incremento da satisfação de clientes e consumidores.

Descrição das atividades do DMADV.

FIGURA 12.2

Etapa do DMADV	Objetivo	Principais resultados esperados
Define	Definir claramente o novo produto ou processo a ser projetado.	• Justificativa para o desenvolvimento do projeto. • Potencial de mercado para o novo produto. • Análise preliminar da viabilidade técnica. • Análise preliminar da viabilidade econômica. • Previsão da data de conclusão do projeto. • Estimativa dos recursos necessários.
Measure	Identificar as necessidades dos clientes/consumidores e traduzi-las em Características Críticas para a Qualidade (***CTQs***) - mensuráveis e priorizadas - do produto.	• Identificação e priorização das necessidades dos clientes/consumidores. • Análise detalhada do mercado. • Características críticas do produto para o atendimento às necessidades dos clientes/consumidores.
Analyze	Selecionar o melhor conceito dentre as alternativas desenvolvidas e gerar o *Design Charter* do projeto.	• Definição das principais funções a serem projetadas para o atendimento às necessidades dos clientes/consumidores. • Avaliação técnica dos diferentes conceitos disponíveis e seleção do melhor. • Análise financeira detalhada do projeto.
Design	Desenvolver o projeto detalhado (protótipo), realizar os testes necessários e preparar para a produção em pequena e em larga escala.	• Desenvolvimento físico do produto e realização de testes. • Análise do mercado e *feedback* de clientes/consumidores sobre os protótipos avaliados. • Planejamento da produção. • Planejamento do lançamento no mercado. • Análise financeira atualizada do projeto.
Verify	Testar e validar a viabilidade do projeto e lançar o novo produto no mercado.	• Lançamento do produto no mercado. • Avaliação da performance do projeto.

Integração das ferramentas Seis Sigma ao DMADV - etapa Define.

FIGURA 12.3

D	Atividades	Ferramentas
Define: definir claramente o novo produto ou processo a ser projetado.		• Mapa de Raciocínio (manter atualizado durante todas as etapas do *DMADV*).
	D1 - Elaborar a justificativa para o desenvolvimento do projeto do novo produto.	• Formulário para descrição do projeto (Plano do Projeto).
	D2 - Avaliar o potencial de mercado do novo produto (tamanhos atual e futuro do mercado).	• Levantamento de dados secundários: fontes internas, publicações governamentais, associações comerciais, internet • Análise de Séries Temporais • Análise de Regressão.
	D3 - Definir os mercados-alvo.	• Levantamento de dados secundários: fontes internas, publicações governamentais, literatura técnica (livros e periódicos), dados comerciais, internet • Levantamento de dados primários: pesquisa de grupo-foco, entrevista individual com consumidores-chave • Análise Fatorial • Análise de Conglomerados.
	D4 - Avaliar a concorrência.	• Levantamento de dados secundários: literatura técnica, internet, anúncios.
	D5 - Avaliar a viabilidade técnica.	• Levantamento de dados secundários: registros de patentes, literatura técnica • *Brainstorming* • Diagrama de Afinidades • Diagrama de Relações • Diagrama de Matriz.
	D6 - Avaliar a viabilidade econômica.	• Cálculo estimado do período de *payback* do projeto.
	D7 - Elaborar o cronograma preliminar do projeto.	• Diagrama de *Gantt*.
	D8 - Planejar a etapa *Measure*: • A equipe e suas responsabilidades • Recursos necessários • Possíveis restrições, suposições e riscos • Cronograma detalhado desta etapa.	• *Project Charter* • Diagrama de Árvore • *PERT/CPM* • Diagrama do Processo Decisório (PDPC) • 5W2H.

FIGURA 12.4

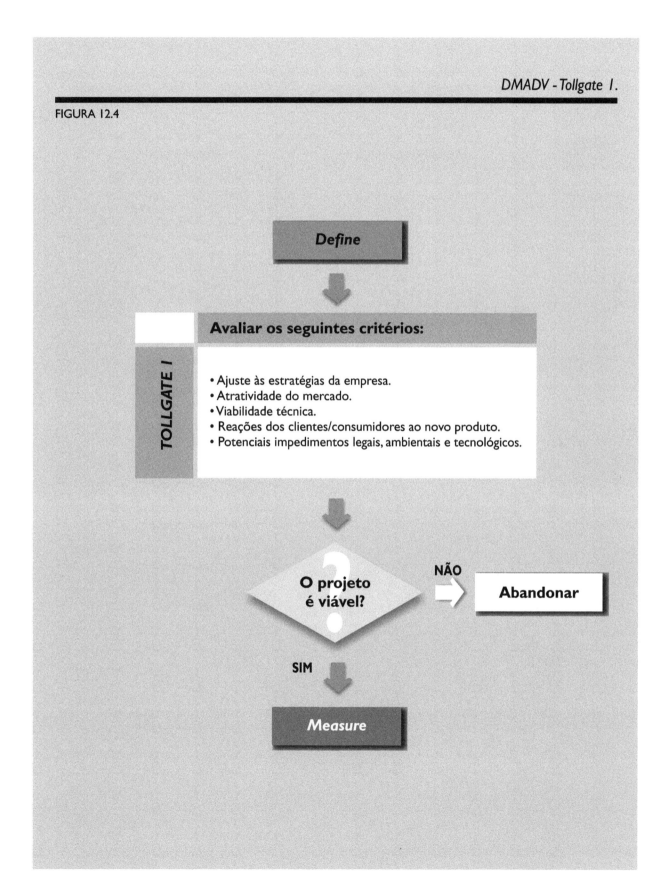

FIGURA 12.5 — Integração das ferramentas Seis Sigma ao *DMADV* - etapa *Measure*.

M	Atividades	Ferramentas
Measure: identificar as necessidades dos clientes/consumidores e traduzi-las em CTQs - mensuráveis e priorizadas - do produto.	**M1** - Estudar as necessidades dos clientes/consumidores (*Voice of the Customer*): 1 - Realizar pesquisa qualitativa. 2 - Realizar pesquisa quantitativa. 3 - Identificar e priorizar as necessidades dos clientes/consumidores.	1 • Plano de Coleta de Dados • Folha de Verificação/Questionário • Pesquisa de grupo-foco • Entrevista individual com consumidores-chave. 2 • Plano de Coleta de Dados • Folha de Verificação/Questionário • Amostragem • Entrevista Individual (*Survey*) • Observação direta de consumidores. 3 • Modelo de *Kano* • Diagrama de Afinidades • Histograma/*Boxplot* • Intervalos de Confiança • Diagrama de Matriz • Análise de Conglomerados • Análise Fatorial • Escalonamento Multidimensional • Análise Conjunta • Mapa de Percepção.
	M2 - Analisar os principais concorrentes.	• Levantamento de dados secundários: literatura técnica, internet, anúncios • *Benchmarking* • Engenharia reversa • Pesquisas qualitativas e quantitativas realizadas na fase M1.
	M3 - Realizar uma análise detalhada do mercado (aprofundar as atividades das fases D2 e D3).	• Ferramentas das fases D2 e D3.
	M4 - Estabelecer as Características Críticas para a Qualidade (*CTQs*) do produto e suas especificações.	• Levantamento de dados secundários: literatura técnica, registro de patentes • *Brainstorming* • Diagrama de Causa e Efeito • Diagrama de Afinidades • Diagrama de Relações • *TRIZ* • Mapa de Produto • Análise de Tolerâncias • Simulação • Testes de Hipóteses/Int. de Confiança • Planej. de Experimentos/ANOVA • Diagrama de Dispersão • Análise de Regressão • *QFD*.

Como ocorre a integração entre o *Design for Lean Six Sigma* (*DFLSS*) e a Metodologia de Gerenciamento de Projetos *PMBoK*?

FIGURA 12.6 — Integração das ferramentas Seis Sigma ao *DMADV* - etapa *Analyze*.

A	Atividades	Ferramentas
Analyze: selecionar o melhor conceito dentre as alternativas desenvolvidas e gerar o *Design Charter* do projeto.	A1 - Identificar as funções, gerar os conceitos e selecionar o melhor deles para o produto.	• *QFD* • Diagrama de Matriz • *Brainstorming* • *TRIZ* • *Benchmarking* • Mapa de Produto • Simulação • Engenharia e Análise de Valor • *Design for Manufacturing (DFM)* • *Design for Assembly (DFA)* • Testes de Hipóteses • Intervalos de Confiança • Planejamento de Experimentos/ANOVA • Análise de *Pugh* • *FMEA/FTA* • Análise de Tolerância.
	A2 - Realizar o teste de conceito.	• Ferramentas para pesquisas qualitativa e quantitativa • *QFD* • Histograma/*Boxplot* • Testes de Hipóteses/Intervalos de Confiança • Planejamento de Experimentos/ANOVA • Análise Conjunta.
	A3 - Analisar a viabilidade econômica.	• Estimativas de vendas, de custos e de lucros • Fluxo de caixa projetado • Período de *payback* • Análise do ponto de equilíbrio • Análise de risco.
	A4 - Planejar as etapas *Design* e *Verify*: • Plano detalhado da etapa *Design* - cronograma das atividades, recursos necessários e *milestones* • Plano preliminar da etapa *Verify* • Plano de Produção preliminar • Plano de *Marketing* preliminar.	• Diagrama de Árvore • Diagrama de *Gantt* • *PERT/CPM* • Diagrama do Processo Decisório (PDPC) • 5W2H.
	A5 - Resumir as conclusões das atividades das etapas *Measure* e *Analyze* no *Design Charter* do projeto.	• *Design Charter* (definição e justificativa do projeto e planejamento das próximas etapas).

FIGURA 12.7

DMADV - Tollgate 2.

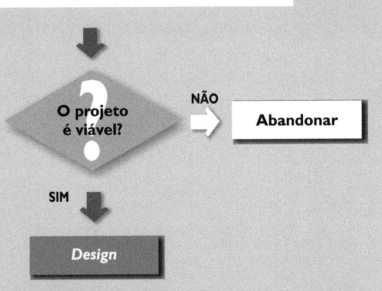

Como ocorre a integração entre o *Design for Lean Six Sigma* (*DFLSS*) e a Metodologia de Gerenciamento de Projetos *PMBoK*?

FIGURA 12.8 — Integração das ferramentas Seis Sigma ao *DMADV* - etapa *Design*.

D	Atividades	Ferramentas
Design: desenvolver o projeto detalhado, realizar os testes necessários e preparar para a produção em pequena e em larga escala.	Ds1 - Desenvolver o projeto detalhado do produto (construir protótipos).	• *QFD* • Mapa de Produto • *FMEA/FTA* • Simulação • Testes de Hipóteses/Intervalos de Confiança • Planejamento de Experimentos/*ANOVA*.
	Ds2 - Realizar, de modo iterativo, testes funcionais dos protótipos sob condições de laboratório e de campo, para avaliar a capacidade do conceito selecionado em atender às necessidades dos clientes/consumidores.	• *QFD* • Mapa de Produto • *FMEA/FTA* • Análise de Tempo de Falha • Testes de Vida Acelerados • Testes de Hipóteses/Intervalos de Confiança • Planejamento de Experimentos/*ANOVA*.
	Ds3 - Realizar, de modo iterativo, testes dos protótipos com clientes/consumidores e utilizar o *feedback* resultante desses testes para aprimoramento do produto.	• Ferramentas para pesquisas qualitativa e quantitativa • *QFD* • Testes Sensoriais • Histograma/*Boxplot* • Testes de Hipóteses/Intervalos de Confiança • Planejamento de Experimentos/*ANOVA* • Análise Conjunta.
	Ds4 - Planejar a produção em pequena e em larga escala.	• *QFD* • Mapa de Produto • Fluxograma/Mapa de Processo • Amostragem • Gráfico Sequencial • Carta de Controle • Histograma/*Boxplot* • Índices de Capacidade de Processos • Simulação.
	Ds5 - Conduzir um projeto Seis Sigma - com base no *DMAIC* - para melhoria da capacidade produtiva, se necessário.	• Ferramentas do *DMAIC*.
	Ds6 - Planejar o lançamento do produto no mercado (atualizar o Plano de *Marketing*).	• Diagrama de Árvore • Diagrama de *Gantt* • *PERT/CPM* • Diagrama do Processo Decisório (*PDPC*) • 5W2H.
	Ds7 - Atualizar a análise financeira do projeto.	• Estimativas de vendas, de custos e lucros, fluxo de caixa projetado, período de *payback*, análises do ponto de equilíbrio e de risco, impacto sobre outros produtos da empresa.
	Ds8 - Planejar detalhadamente a etapa *Verify* - cronograma, recursos e *milestones*.	• Utilizar as mesmas ferramentas do Ds6.

DMADV - Tollgate 3.

FIGURA 12.9

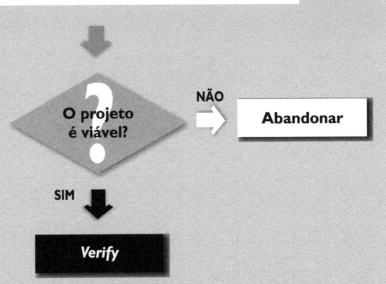

Como ocorre a integração entre o *Design for Lean Six Sigma* (*DFLSS*) e a Metodologia de Gerenciamento de Projetos *PMBoK*?

Integração das ferramentas Seis Sigma ao *DMADV* - etapa *Verify*.

FIGURA 12.10

V	Atividades	Ferramentas
Verify: testar e validar a viabilidade do projeto e lançar o novo produto no mercado.	V1 - Iniciar a produção em pequena escala (produção piloto).	• Mapa de Produto • Fluxograma/Mapa de Processo • Amostragem • Gráfico Sequencial • Carta de Controle • Histograma/*Boxplot* • Índices de Capacidade de Processos • Métricas do Seis Sigma • Testes de Hipóteses/Intervalos de Confiança • Planejamento de Experimentos/*ANOVA*.
	V2 - Realizar testes de campo do novo produto.	• *QFD* • Ferramentas para pesquisas qualitativa e quantitativa • Diagrama de Afinidades • Histograma/*Boxplot*.
	V3 - Realizar testes de mercado.	• *QFD* • Ferramentas para pesquisas qualitativa e quantitativa • Diagrama de Afinidades • Histograma/*Boxplot* • Testes de Hipóteses/Intervalos de Confiança • Planejamento de Experimentos/*ANOVA* • Diagrama de Matriz • Análise de Regressão • Análise de Conglomerados • Análise Fatorial • Escalonamento Multidimensional • Análise Conjunta • Mapa de Percepção.
	V4 - Atualizar a análise financeira do projeto.	• Estimativas de vendas, de custos e lucros, fluxo de caixa projetado, período de *payback*, análises do ponto de equilíbrio e de risco, impacto sobre outros produtos da empresa.
	V5 - Iniciar e validar a produção em larga escala e transferir o processo produtivo aos *process owners*.	• Ferramentas da etapa *C* do *DMAIC*.
	V6 - Lançar o produto no mercado.	• Plano de *Marketing*.
	V7 - Sumarizar o que foi aprendido e fazer recomendações para trabalhos futuros.	Avaliação de Sistemas de Medição/Inspeção: utilizar durante todas as etapas do *DMADV*, sempre que for necessário garantir a confiabilidade dos dados empregados.

* **Quas são as bases da metodologia de Gerenciamento de Projetos** *Project Management Body of Knowledge - PMBok do Project Management Institute - PMI?*[2]

O **Conjunto de Conhecimentos do Gerenciamento de Projetos** (*PMBoK*) é um termo abrangente que descreve a soma dos conhecimentos intrínsecos à profissão de gerenciamento de projetos.

Um projeto é um esforço temporário realizado para criar um produto ou serviço único. Nessa definição, **temporário** significa que cada projeto tem início e fim definidos, e **único** quer dizer que o produto ou serviço é, de alguma maneira, diferente de todos os outros produtos ou serviços, ou seja, envolve a realização de alguma coisa que jamais tenha sido realizada anteriormente. Um projeto também apresenta as seguintes características:

- Realizado por pessoas (uma única ou muitos milhares).
- Limitado por recursos definidos (poucas semanas ou vários anos, por exemplo).
- Planejado, executado e controlado.

Alguns exemplos de projetos são:
- O desenvolvimento de um novo produto ou serviço.
- A realização de uma mudança na estrutura ou no modo de atuar de uma organização.
- O desenho de um novo veículo de transporte.
- O desenvolvimento ou a aquisição de um sistema de informações novo ou modificado.
- A construção de um prédio ou de uma fábrica.
- A construção de um sistema de fornecimento de água.
- A estruturação de uma campanha política.
- A implementação de uma nova regra ou procedimento dentro de uma organização.

O gerenciamento de projetos se refere à aplicação de conhecimentos, habilidades, ferramentas e técnicas às atividades do projeto, a fim de satisfazer seus requisitos, sendo realizado com o uso de processos, tais como: iniciar, planejar, executar, controlar e encerrar.

Os projetos são empreendimentos únicos e envolvem, portanto, um certo grau de incerteza. As organizações que realizam projetos geralmente os dividem em várias **fases do projeto**, a fim de facilitar o controle de gerenciamento e estabelecer os vínculos adequados com as operações contínuas da organização executora. O conjunto das fases do projeto é conhecido como **ciclo de vida do projeto**.

Cada fase do projeto é marcada pela conclusão de um ou mais resultados principais. Considera-se resultado principal qualquer produto tangível e verificável, tal como um estudo de viabilidade, um desenho industrial detalhado ou um protótipo. Os resultados principais e, portanto, as fases, são parte de uma lógica geralmente sequencial, desenvolvida para assegurar uma definição adequada do produto do projeto.

A conclusão de uma fase do projeto é geralmente marcada pela revisão dos resultados principais e do desempenho do projeto até a data em questão a fim de decidir se o projeto deve prosseguir até a fase seguinte e detectar e corrigir desvios dos custos de maneira eficaz. Essas revisões realizadas ao final de cada fase são geralmente chamadas de *gate reviews*, **saídas de fase**, **passagens de estágios** ou **pontos de conclusão**.

Os projetos são compostos por processos. Um **processo** consiste em uma série de ações que geram um produto. Os processos de um projeto são executados por pessoas e geralmente podem ser classificados em duas categorias principais:
- **Os processos do gerenciamento de projetos** descrevem, organizam e complementam as atividades do projeto. Os processos do gerenciamento de projetos que se aplicam à maioria dos projetos, na maior parte do tempo, são descritos a seguir.
- **Os processos voltados ao produto** especificam e criam o produto do projeto. Os processos voltados ao produto são geralmente definidos pelo ciclo de vida do projeto e variam de acordo com a área de aplicação.

Os processos do gerenciamento de projetos e os processos voltados ao produto se sobrepõem e interagem ao longo do projeto. Por exemplo, o escopo do projeto não pode ser definido sem que haja uma compreensão básica de como criar o produto.

Os processos do gerenciamento de projetos podem ser organizados em cinco grupos, cada um contendo um ou mais processos:
- Processos de iniciação – autorização do projeto ou da fase.
- Processos de planejamento – definição e refinamento dos objetivos e seleção do melhor curso de ação entre várias alternativas para que se alcancem os objetivos para os quais o projeto foi criado.
- Processos de execução – coordenação das pessoas e de outros recursos visando à execução do plano.

- Processos de controle – garantia de que os objetivos do projeto serão alcançados através da monitoração e da medição regular do progresso visando à identificação de desvios do plano, de maneira a implementar ações corretivas, quando necessário.
- Processos de encerramento – formalização da aceitação do projeto ou da fase, permitindo que haja um encerramento organizado.

Esses processos também podem ser organizados de acordo com as nove áreas do conhecimento do gerenciamento de projetos, conforme mostrado na **Figura 12.11**.

♦ **Como ocorre a integração das metodologias DFLSS (DMADV) e PMBoK?**

Em primeiro lugar, vale destacar que as fases do projeto, segundo o PMBoK, podem ser consideradas como as etapas do DMADV mostradas anteriormente na **Figura 12.2**. Essas etapas são reapresentadas na **Figura 12.12**, na qual destacamos as áreas de conhecimento do PMBoK mais abordadas em cada etapa do DMADV.

Na **Figura 12.13** são identificados, em verde, os processos de gerenciamento de projetos que são fortemente abordados pelo DFLSS e, em branco, aqueles que são moderadamente abordados.

Na **Figura 12.14** é mostrado como o DFLSS complementa os processos do gerenciamento de projetos do PMBoK.

Resumindo as informações apresentadas nas **Figuras 12.11** a **12.14**, é possível perceber que, essencialmente:
- O PMBoK aborda o O QUE FAZER do projeto.
- O DFLSS aborda o COMO FAZER do projeto.

Como ocorre a integração entre o *Design for Lean Six Sigma* (*DFLSS*) e a Metodologia de Gerenciamento de Projetos *PMBoK*?

Mapeamento dos processos do gerenciamento de projetos em relação aos grupos de processos e áreas de conhecimento.

FIGURA 12.11

Área do Conhecimento	Grupos de Processos				
	Iniciação	Planejamento	Execução	Controle	Encerramento
Gerenciamento de Integração do Projeto		Elaboração do plano do projeto	Execução do plano do projeto	Controle integrado de alterações	
Gerenciamento do Escopo do Projeto	Iniciação	Planejamento do escopo Definição do escopo		Verificação do escopo Controle de alterações do escopo	
Gerenciamento de Tempo do Projeto		Definição das atividades Sequenciamento das atividades Estimativa de duração das atividades Elaboração do cronograma		Controle do cronograma	
Gerenciamento de Custos do Projeto		Planejamento dos recursos Estimativas de custos Orçamento de custos		Controle de custos	
Gerenciamento da Qualidade do Projeto		Planejamento da qualidade	Garantia de qualidade	Controle de qualidade	
Gerenciamento de Recursos Humanos do Projeto		Planejamento organizacional Formação da equipe	Desenvolvimento da equipe		
Gerenciamento das Comunicações do Projeto		Planejamento das comunicações	Distribuição de informações	Relatório de desempenho	Encerramento administrativo
Gerenciamento de Riscos do Projeto		Planejamento do gerenciamento de riscos Identificações de riscos Análise qualitativa de riscos Análise quantitativa de riscos Planejamento de resposta a riscos		Monitoração e controle de riscos	
Gerenciamento das Aquisições do Projeto		Planejamento das aquisições Planejamento da solicitação	Solicitação Seleção das fontes Administração do contrato		Encerramento do contrato

FIGURA 12.12

DFLSS e *PMBok*: áreas do conhecimento do *PMBok* mais abordadas em cada etapa do *DMADV*.

Etapa do DMADV	Área do Conhecimento	Objetivo	Principais resultados
Define	Integração Escopo Tempo Custos Riscos	Definir claramente o novo produto ou processo a ser projetado.	• Justificativa para o desenvolvimento do projeto. • Potencial de mercado para o novo produto. • Análise preliminar da viabilidade técnica. • Análise preliminar da viabilidade econômica. • Previsão da data de conclusão do projeto. • Estimativa dos recursos necessários.
Measure	Qualidade	Identificar as necessidades dos clientes/consumidores e traduzi-las em Características Críticas para a Qualidade (CTQs) mensuráveis e priorizadas do produto.	• Identificação e priorização das necessidades dos clientes/consumidores. • Análise detalhada do mercado. • Características críticas do produto para o atendimento às necessidades dos clientes/consumidores.
Analyze	Integração Escopo Tempo Custos Qualidade Riscos	Selecionar o melhor conceito dentre as alternativas desenvolvidas e gerar o *Design Charter* do projeto.	• Definição das principais funções a serem projetadas para o atendimento às necessidades dos clientes / consumidores. • Avaliação técnica dos diferentes conceitos disponíveis e seleção do melhor. • Análise financeira detalhada do projeto.
Design	Integração Escopo Tempo Custos Qualidade Riscos	Desenvolver o projeto detalhado (protótipo), realizar os testes necessários e preparar para a produção em pequena e em larga escala.	• Desenvolvimento das principais funções a serem projetadas para o atendimento às necessidades dos clientes/consumidores. sobre os protótipos avaliados. • Avaliação técnica dos diferentes conceitos disponíveis e seleção do melhor. • Análise financeira detalhada do projeto.
Verify	Custos Qualidade Comunicações Riscos	Testar e validar a viabilidade do projeto e lançar o novo produto no mercado.	• Lançamento do produto no mercado. • Avaliação da performance do projeto.

Mapeamento dos processos do gerenciamento de projetos em relação aos grupos de processos e áreas de conhecimento.

FIGURA 12.13

Área do Conhecimento: Gerenciamento de X do Projeto	Grupos de Processos				
	Iniciação	Planejamento	Execução	Controle	Encerramento
X: Integração		Elaboração do plano do projeto	Execução do plano do projeto	Controle integrado de alterações	
X: Escopo	Iniciação	Planejamento do escopo Definição do escopo		Verificação do escopo Controle de alterações do escopo	
X: Tempo		Definição das atividades Sequenciamento das atividades Estimativa de duração das atividades Elaboração do cronograma		Controle do cronograma	
X: Custos		Planejamento dos recursos Estimativas de custos Orçamento de custos		Controle de custos	
X: Qualidade		Planejamento da qualidade	Garantia de qualidade	Controle de qualidade	
X: Recursos Humanos		Planejamento organizacional Formação da equipe	Desenvolvimento da equipe		
X: Comunicações		Planejamento das comunicações	Distribuição de informações	Relatório de desempenho	Encerramento administrativo
X: Riscos		Planejamento do gerenciamento de riscos Identificações de riscos Análise qualitativa de riscos Análise quantitativa de riscos Planejamento de resposta a riscos		Monitoração e controle de riscos	
X: Aquisições		Planejamento das aquisições Planejamento da solicitação	Solicitação Seleção das fontes Administração do contrato		Encerramento do contrato

Legenda: ▓ Fortemente abordado pelo *DFLSS*   ☐ Moderadamente abordado pelo *DFLSS*

Como o DFLSS complementa os processos do gerenciamento de projetos do PMBoK.

FIGURA 12.14

Área do Conhecimento: Gerenciamento de X do Projeto	Grupos de Processos					
	Iniciação	Planejamento	Execução	Controle	Encerramento
X: Integração		**Elaboração do plano do projeto** • Atividade D1	**Execução do plano do projeto** • Atividade D2 a V7 • Tollgates 1 a 3	**Controle integrado de alterações** • Atividades D8, A4, A5, Ds8 e V7 • Tollgates 1 a 3	
X: Escopo	**Iniciação** • Processo de seleção de projetos • Business Case • Atividade D1	**Planejamento do escopo** • Atividades D1, A4, A5, Ds4 **Definição do escopo** • Atividades D8, A4, A5, Ds4		**Verificação do escopo** • Tollgates 1 a 3 **Controle de alterações do escopo** • Atividade V7 • Tollgates 1 a 3	
X: Tempo		**Definição das atividade** • Atividades D7, D8, A4, A5, Ds4, Ds6, Ds8 **Sequenciamento das atividade** • Atividades D7, D8, A4, Ds6, Ds8 **Estimativa de duração das atividades** • Atividades D7, D8, A4, Ds6, Ds8 **Elaboração do cronograma** • Atividades D7, D8, A4, Ds6, Ds8		**Controle do cronograma** • Atividades A4, A5, Ds6, Ds8, V7 • Tollgates 2 e 3	
X: Custos		**Planejamento do recursos** • Atividades D8, A4, A5, Ds4, Ds8 **Estimativa de custos** • Atividades D6, D8, A3, A4, A5, Ds4, Ds7, Ds8, V4 **Orçamento de custos** • Atividades D6, D8, A3, A4, A5, Ds4, Ds7, Ds8, V4		**Controle de custos** • Atividades A3, A4, A5, Ds7, Ds8, V4, V7 • Tollgates 2 e 3	
X: Qualidade		**Planejamento de qualidade** • Atividades M1, M2, M3, M4, A1, A2, Ds1, Ds2, Ds3, Ds4, Ds5, V1, V2, V3, V5	**Garantia de qualidade** • Atividades M1, M2, M3, M4, A1, A2, Ds1, Ds2, Ds3, Ds4, Ds5, V1, V2, V3, V5	**Controle de qualidade** • Atividades M1, M2, M3, M4, A1, A2, Ds1, Ds2, Ds3, Ds4, Ds5, V1, V2, V3, V5, V7 • Tollgates 2 e 3	

Como o *DFLSS* complementa os processos do gerenciamento de projetos do *PMBoK*.

FIGURA 12.14 (continuação)

Área do Conhecimento: Gerenciamento de X do Projeto	Grupos de Processos				
	Iniciação	Planejamento	Execução	Controle	Encerramento
X: Recursos Humanos		**Planejamento organizacional** • Atividades D8, A4, Ds8, V5 **Formação da equipe** • Atividade D8	**Desenvolvimento da equipe** • Atividade V7		
X: Comunicações		**Planejamento das comunicações** • Atividades D8, A4, Ds8,	**Distribuição de informações** • *Tollgates* 1 a 3	**Relatórios de desempenho** • *Tollgates* 1 a 3	**Encerramento administrativo** • Atividade V7
X: Riscos		**Planejamento do gerenciamento de riscos** • Atividades D1, D8, A4, Ds8 **Identificação de riscos** • Atividades D5, D6, D8, A1, A2, A4, Ds1, Ds2, Ds3, Ds4, Ds5, Ds6, Ds7, Ds8, V4 **Análise qualitativa de riscos** • Atividades D5, D6, D8, A1, A2, A4, Ds1, Ds2, Ds3, Ds4, Ds5, Ds6, Ds7, Ds8, V4 **Análise quantitativa de riscos** • Atividades D5, D6, D8, A1, A2, A4, Ds1, Ds2, Ds3, Ds4, Ds5, Ds6, Ds7, Ds8, V4 **Planejamento de respostas a riscos** • Atividades D5, D6, D8, A1, A2, A4, Ds1, Ds2, Ds3, Ds4		**Monitoração e controle de riscos** • *Tollgates* 1 a 3	
X: Aquisições		**Planejamento das aquisições** • Atividades D8, A4, Ds4 **Planejamento de solicitação** • Atividades D8, A4, Ds4	**Solicitação** • Atividades Ds1, Ds4 **Seleção das fontes** • Atividades Ds1, Ds4 **Administração do contrato** • Atividades V1, V5		**Encerramento do contrato:** • Atividade V7

A **Figura 12.15** mostra qual é o método predominante de acordo com a natureza do projeto.

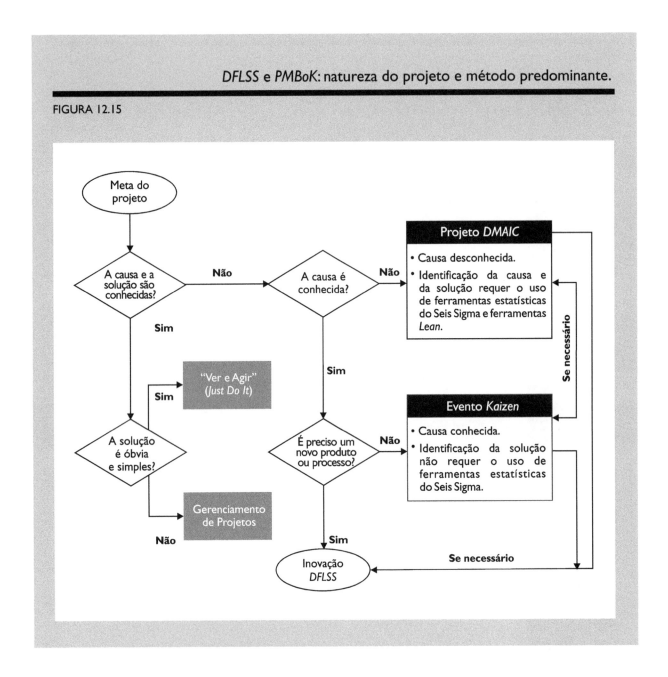

FIGURA 12.15 — *DFLSS* e *PMBoK*: natureza do projeto e método predominante.

Em termos de vantagens e desvantagens, é possível dizer que as principais vantagens do *PMBoK* são[3]:

1. Exige a construção de etapas para o desenvolvimento de um projeto.

2. Garante a avaliação e o planejamento do escopo do projeto.

3. Garante um acompanhamento sistemático da evolução do projeto.

4. Padroniza a gestão de projetos dentro das empresas.

5. É aplicável a qualquer tipo de projeto (seja de melhoria ou de desenvolvimento de produtos, serviços ou a simples implementação de uma ideia).

6. Exige o estabelecimento de acordos entre as partes interessadas do projeto.

7. Torna obrigatório o gerenciamento de recursos humanos, comunicações e aquisições de projeto.

Vale destacar que as vantagens de 1 a 6 são comuns ao DFLSS, lembrando que, para projetos de melhoria (quinta vantagem), existe o método DMAIC.

Já como desvantagens do PMBoK é possível relacionar[3]:

1. Não apresenta ferramentas específicas de análise (seja para requerimentos, seja para busca de alternativas entre soluções etc).

2. Não garante que o projeto atenda aos verdadeiros interesses do demandante.

3. Cada empresa tem que optar pela forma de customizar os passos para desenvolvimento dos projetos, o que leva a uma forte dependência da experiência do gerente do projeto (líder do projeto).

Para encerrar este capítulo e tendo como base os pontos discutidos acima, apresentamos nossa recomendação quanto ao uso das duas metodologias:

- Adotar uma integração das metodologias PMBoK e DFLSS, de modo a usufruir das vantagem de ambas:
    - Fases padronizadas do DFSS (método DMADV).
    - Ferramentas específicas de análise do DFLSS.
    - Levantamento em detalhes, exigido pelo DFLSS, dos requerimentos dos clientes/usuários.
    - Formalidade do PMBoK.
    - Padronização na empresa da gestão de projetos promovida pelo PMBoK.
- É ideal que o início do uso das metodologias na empresa já ocorra sob a forma integrada.

Capítulo 13.

"*Soft skills*": por que usar o Eneagrama no *Lean* Seis Sigma?

"Alguns homens veem as coisas como são, e dizem 'Por quê?'. Eu sonho com as coisas que nunca foram e digo 'Por quê não?'."

George Bernard Shaw

◆ Por que o Eneagrama é importante?

Atualmente é certo que o sucesso de uma organização depende de conseguir as pessoas certas em cada área e de garantir que essas pessoas estejam motivadas e satisfeitas. Nesse sentido, é ilustrativo apresentar duas afirmações de Jack Welch[1]:

- "As empresas não são prédios, máquinas ou tecnologias. Elas são pessoas. O que é mais importante que gerenciar pessoas?"
- "O que seria mais importante que a escolha das pessoas a serem contratadas, desenvolvidas ou demitidas? Afinal, negócio é jogo e, como em todos os jogos, a equipe que conta com as melhores pessoas em campo e garante excelente entrosamento entre os jogadores é a vencedora. Nada mais simples."

Portanto, é claro que as empresas vencedoras são aquelas que conseguem extrair toda a potencialidade de seus colaboradores, o que requer que as pessoas estejam com suas funções básicas equilibradas. Neste capítulo é apresentado o **Eneagrama**, um sistema que auxilia os indivíduos na busca desse equilíbrio nas suas várias dimensões: física, mental, emocional, espiritual e social.

No âmbito do *Lean* Seis Sigma, a recente pesquisa conduzida pela *iSixSigma Magazine* – "The Hard Truth About Soft Skills"[2] – revela que as habilidades comportamentais dos atores do *Lean* Seis Sigma são tão ou mais importantes para o sucesso do programa do que as habilidades técnicas. Habilidades nos relacionamentos humanos, tais como comunicação, liderança, relacionamento interpessoal e atuação como agente de mudança, são citadas pelos entrevistados como competências essenciais que um *Black Belt* deve possuir.

As principais conclusões do *survey* da *iSixSigma Magazine* sobre a importância das habilidades comportamentais são:

- *Soft skills* são vistas como igualmente ou mais importantes que habilidades técnicas para o sucesso no Seis Sigma. São também consideradas mais difíceis de aprender.
- Muitas empresas ministram treinamentos em *soft skills* para seus funcionários. Aquelas que o fazem possuem maior chance de sucesso em seus programas Seis Sigma.
- De longe, a habilidade para se comunicar é considerada a mais importante que um *Black Belt* deve ter.
- Os percentuais de entrevistados que consideram as *soft skills* igualmente, um pouco mais ou muito mais importantes do que as habilidades técnicas em Seis Sigma para o sucesso do ator do programa são:
  - *Champion*: 100,0%.
  - *Master Black Belt*: 99,3%.

- *Black Belt*: 95,7%.
- *Green Belt*: 94,0%.

Logo, a pesquisa da *iSixSigma Magazine* torna evidente o fato de que o conhecimento e a utilização do Eneagrama podem contribuir significativamente para promover e consolidar a cultura *Lean* Seis Sigma nas organizações.

◆ O que é o Eneagrama da Personalidade[3]?

O Eneagrama é um sistema que descreve a personalidade das pessoas e promove o autoconhecimento.

Etimologicamente a palavra "Eneagrama" tem origem no grego e significa nove pontos (*ennea* = nove; *grammos* = pontos). Trata-se de um círculo contendo nove pontos equidistantes, interligados por nove linhas que se intercruzam num determinado sentido, sendo que três delas formam um triângulo equilátero, conforme mostra a **Figura 13.1**.

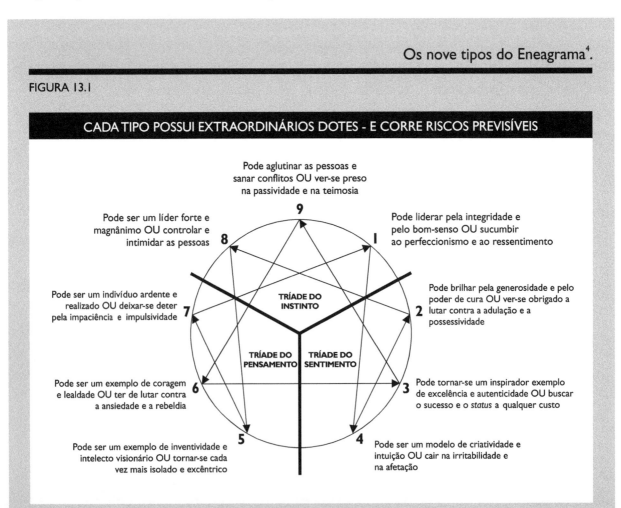

FIGURA 13.1 — Os nove tipos do Eneagrama[4].

As primeiras informações mais detalhadas que o Ocidente obteve do Eneagrama foram difundidas por G. I. Gurdjieff, um mestre espiritual de reconhecidas qualidades e grande magnetismo pessoal, que se referia a ele como um símbolo geométrico de leis universais e que podia ser utilizado para o desabrochar da consciência humana.

No início da década de 1970, o boliviano Oscar Ichazo transmitiu o conhecimento do Eneagrama a um grupo de pessoas selecionadas, de uma maneira bem mais sistematizada do que aquela adotada por Gurdjieff. Uma dessas pessoas é o psiquiatra chileno Claudio Naranjo, professor honorário das universidades de Harvard e Berkeley, que colocou o Eneagrama no contexto das ideias psicológicas, dotando esse sistema das peças que faltavam para sua divulgação. A pesquisa de Naranjo uniu a obra de Gurdjiefff e o trabalho de Ichazo às patologias modernas, identificando os principais mecanismos de defesa inerentes aos tipos. Foi ele quem criou o método de ensino do Eneagrama entrevistando pessoas do mesmo tipo em suas palestras. Naranjo possibilitou então, com seu sistema, que pessoas identificassem o seu tipo de personalidade e trabalhassem aqueles aspectos que atrapalham sua vida e a de outras pessoas.

O Eneagrama é hoje ensinado nos mais importantes cursos de formação para gestão empresarial, tais como Universidade da Califórnia, Universidade de Stanford, Universidade Loyola de Chicago e Universidade de Nebraska. É utilizado em mais de 30 países, além de ser tema de inúmeros livros, revistas especializadas e congressos.

- **Quais são os nove tipos de personalidade do Eneagrama?**

A seguir é apresentado, nas **Figuras 13.2** a **13.10**[5], um breve resumo de cada um dos nove tipos de comportamento da personalidade. As **Figuras 13.11** e **13.12** descrevem, segundo Patrícia e Fabien Chabreuil[6], um conjunto de potenciais pontos fortes a manifestar e de pontos fracos a evitar que cada pessoa pode exprimir – a seu modo – no ambiente das empresas, a partir de seu perfil no Eneagrama.

FIGURA 13.2

Apresentação do Tipo Um do Eneagrama da Personalidade — Tipo 1

- A orientação do Um é manter altos ideais e praticar um grande rigor pessoal.
- Quer ser alguém de bem, no sentido moral do termo, e está persuadido de que há sempre algo a fazer para tanto.
- É muito trabalhador, perfeccionista, impaciente, emocionalmente controlado, determinado, enérgico, excessivamente preocupado e crítico.
- Expressa sua motivação através da raiva.
- Raiva: É uma paixão decorrente da dificuldade em aceitar as coisas como realmente são. A raiva é expressa como crítica, impaciência, exigência. Trata-se de uma raiva reprimida, levando a constantes frustrações e dissabores em relação a si e ao mundo.

Animal Símbolo – Formiga: Trabalha muito e de forma organizada. Cada classe de formiga tem sua função específica.

Homem-Relógio: Normas, princípios e horários rígidos.

Juiz da Suprema Corte: Superioridade, justiça, ética e "dono da verdade".

País Símbolo – Inglaterra: Principalmente na Era Vitoriana, com seus princípios rígidos.

FIGURA 13.3

Apresentação do Tipo Dois do Eneagrama da Personalidade — Tipo 2

- A orientação do Dois é dar amor à sua volta.
- O Dois gosta de servir aos outros e espera por agradecimentos, mas não sente nenhuma necessidade da ajuda de outras pessoas.
- Está sempre disponível, é responsável, possessivo, manipulador, diplomático e agradável.
- Expressa sua motivação através do orgulho.
- Orgulho: É uma paixão de autoengrandecimento, de identificação com uma autoimagem inflada. Tal imagem é inicialmente incorporada pela própria pessoa e depois disseminada em seu círculo de relações.

Animal – Gato Angorá: Lânguido e interesseiro. Representa a ambivalência do Dois entre distância e proximidade. Não é possível amestrar um gato.

Coração e Flores: Amoroso, intenso e dadivoso. Gosta de presentear, tendo muito para dar, principalmente "amor". Manipulador.

Sedução: Hábil sedutor, objetivando conseguir o que deseja.

País – Itália: Barulhento, expansivo (fala e gestos).

Tipo Três.

FIGURA 13.4

Apresentação do Tipo Três do Eneagrama da Personalidade

- A orientação do Três é a capacidade de agir e de obter sucesso. É alguém muito bem relacionado e altamente sensível à sua imagem.

- O Três tem sempre pelo menos um objetivo e um projeto em mente, qualquer que seja o contexto de sua vida: trabalho, família, relações, lazer. Contudo, o contexto profissional é, quase sempre de longe, o mais importante.

- É confiante, produtivo, organizado, otimista, persuasivo e excessivamente competitivo.

- Expressa sua motivação através da vaidade.

- Vaidade: A vaidade é uma paixão por brilhar, ser o centro das atenções, se mostrar através do que faz. O Três cria uma imagem adequada e eficiente de si mesmo e procura se identificar com essa imagem.

Tipo 3

Animal – Pavão:
Paixão em aparecer.
Exibido.

"The Flash":
Rapidez.
Pouca profundidade.

Executivo:
Eficiência e performance.
Bom vendedor dos próprios projetos.

País – Estados Unidos:
Modernidade. Pragmatismo.
"Marketing".

Tipo Quatro.

FIGURA 13.5

Apresentação do Tipo Quatro do Eneagrama da Personalidade

- A orientação do Quatro é o senso do belo. Faz de tudo para viver profundas e autênticas emoções. Foge do trivial, de tudo que é comum, convencional e normal.

- Para ser feliz, o Quatro precisa de vez em quando estar deprimido e sofrer. Sua armadilha é a melancolia, uma "doce tristeza" que se estende pela vida.

- É emotivo, dramático, romântico, sensível, criativo, original e facilmente sente-se envergonhado.

- Expressa sua motivação através da inveja.

- Inveja: É uma paixão que se baseia na sensação de que algo fundamental nos falta. Ela leva o Quatro a pensar que os outros têm qualidades que ele não possui. As pessoas desejam o que está ausente, esquecendo-se muitas vezes de ver as dádivas com que foram abençoadas.

Tipo 4

Animal – Cão Bassê:
Expressão triste e melancólica.

Dotes artísticos e criatividade.

Reclamação:
Manipulação com o sofrimento.

País – França:
Gosto pelo belo e artístico.
Profundidade.

Perguntas e Respostas sobre o *Lean* Seis Sigma

Tipo Cinco.

FIGURA 13.6

Apresentação do Tipo Cinco do Eneagrama da Personalidade — Tipo 5

- A orientação do Cinco é o conhecimento e a precisão. Tenta possuir informações sobre o mundo que o cerca.

- Para escapar do estresse, o Cinco desapega-se mental e psicologicamente: afasta-se dos outros e do mundo. Compreende e administra mal as próprias emoções.

- É objetivo, solitário, educado, antissocial e lógico.

- Expressa sua motivação através da avareza.

- Avareza: É uma paixão pela retenção, por acreditar que dispõe de poucos recursos. Isto leva a pessoa a esquivar-se do contato com o mundo e a minimizar suas necessidades para garantir sua autonomia.

Animal – Coruja:
Observador que sabe de tudo e pouco participa.

Casa na Árvore:
Escondido.
De difícil acesso. Isolado.
Poucos amigos íntimos.

Olhar por Frestas:
Ver e não se deixar ver.

País – Japão:
Mistério.
Muito conhecimento.
Sim por fora (sorrisos) e não por dentro.

Tipo Seis.

FIGURA 13.7

Apresentação do Tipo Seis do Eneagrama da Personalidade — Tipo 6

- A orientação do Seis é a lealdade. Está voltado para o futuro e procura justificativas racionais para os acontecimentos e para as decisões.

- O Seis é inseguro quando precisa se posicionar e torna-se muito ativo quando está entre outras pessoas, como forma de sentir-se bem e aliviar sua ansiedade.

- É responsável, enérgico, leal, envolvente, indeciso, obediente à lei e orientado para a comunidade.

- Expressa sua motivação através do medo.

- Medo: É uma paixão pela segurança, por recear coisas que na verdade não estão acontecendo, que aparece sob diversas formas: medo do desconhecido, do futuro, de não conseguir ou não dar conta, do castigo e de hostilidades, de não sobreviver, de amar, enfim, medo de viver.

Animal – Lebre (Fóbicos) e Cão Pastor (Contrafóbicos):
A lebre está sempre pronta a fugir e o cão pastor, fiel e obediente, pode ser muito agressivo quando "colocado contra a parede".

Woody Allen:
Que faz humor com sua insegurança.

Esportes Radicais:
Objetivo de "escamotear" o próprio medo. Medo de ter medo.
(Personalidade Contrafóbica)

País – Alemanha:
Obsessiva devoção por grandes ideais. Organização. Profundidade. Desconfiança.

"Soft skills": por que usar o Eneagrama no Lean Seis Sigma?

Tipo Sete.

FIGURA 13.8

Apresentação do Tipo Sete do Eneagrama da Personalidade

- A orientação do Sete é a busca da alegria e do otimismo. Ele procura viver essa alegria e deseja que ocorra o mesmo com aqueles que o cercam e com o mundo em geral. É um idealista.

- Nunca está satisfeito com o que tem, pois sempre quer mais de tudo que o faz feliz. Sua mente busca fórmulas para escapar das realidades desagradáveis da vida.

- É amável, divertido, sorridente, fantasioso, indulgente, analítico, estimulante e encantador.

- Expressa sua motivação através da gula.

- Gula: É uma paixão pela busca do prazer como um antídoto contra a dor. Busca uma vida mais flexível e descompromissada, atividades estimulantes, a aventura e a surpresa, mas nunca acha que tem o bastante.

Tipo 7

Animal – Macaco:
Sempre pulando de galho em galho.

Divertimento e busca do prazer.

Sonhador e adora viver uma "vida mansa".

País – Brasil:
País do carnaval.

Tipo Oito.

FIGURA 13.9

Apresentação do Tipo Oito do Eneagrama da Personalidade

- A orientação do Oito é o poder e a coragem. É o tipo que tem mais força física e energia. É extremamente ativo e quer ter um forte impacto sobre o mundo que o cerca. Tem senso de justiça e veracidade.

- Voltado para o poder e o controle das situações, utiliza uma tremenda energia para buscar e tomar o que quer para ele e para aqueles que ama e protege. Os obstáculos o estimulam.

- É forte, competitivo, direto, avassalador, instintivo e realista.

- Expressa sua motivação através da luxúria.

- Luxúria: É uma paixão que não se aplica apenas ao desejo sexual, mas em gostar de intensidade e desafio. Para o Oito a vida é um campo de batalha onde os mais fortes ganham.

Tipo 8

Animal – Tigre:
Agressividade, esperteza, poder, força e vitalidade.

Máximo Poder:
Controle, "chefão".

Brutus:
"Trator", avassalador.

País – Espanha:
Revolucionário, toureiro.

FIGURA 13.10

Tipo Nove.

Apresentação do Tipo Nove do Eneagrama da Personalidade — **Tipo 9**

- A orientação do Nove é a aceitação e o apoio. É um conciliador hábil, capaz de aceitar pontos de vista divergentes e de perceber o que pode juntá-los.

- O Nove leva a vida pelo caminho mais fácil e procura evitar conflitos ou lidar com qualquer dificuldade para poder preservar a própria paz, interna e externamente.

- É afável, generoso, indireto, impessoal, apático emocionalmente e não gosta de muito movimento.

- Expressa sua motivação através da preguiça.

- Preguiça: É uma paixão que não significa apenas inação, já que o Tipo Nove pode ser bem ativo e realizador. Se refere mais a um desejo de não ser afetado pelas coisas, uma falta de disposição para entregar-se plenamente à vida. Adiando suas próprias necessidades, estão sempre disponíveis e nada querem em troca dos favores que prestam.

Animal – Elefante: Pesado, confiável, olhar dócil.

Papai Noel: Gosta de ajudar e presentear, sendo um bom mediador

Siesta: Sossegado, tolerante, equilibrado, superadaptado.

País – México: "Hora da siesta".

Potenciais pontos fortes a manifestar e pontos fracos a evitar nas empresas: tipos de Um a Cinco.

FIGURA 13.11

Pontos principais - Tipo 1	
A manifestar	**A evitar**
• Disciplina. • Busca da melhor qualidade possível. • Ética nas relações. • Senso moral elevado. • Respeito às regras e aos princípios. • Importante força de trabalho e muita consciência profissional. • Vontade de fazer bem feito e de progredir. • Comunicação calma e precisa.	• Focalização perfeccionista nos detalhes, em detrimento de uma decisão rápida ou do rendimento. • Excessiva criticidade e exigência. • Rigidez e falta de criatividade. • Extrapolação de suas forças: tensões físicas e estresse. • Impaciência com o ritmo do outro. • Raiva inconsciente e formação de reações. • Preocupação com os resultados.

Pontos principais - Tipo 2	
A manifestar	**A evitar**
• Levar em conta os interesses humanos. • Aptidão em criar um ambiente caloroso. • Ajuda e incentivo dada aos resultados dos demais. • Intuição aguçada. • Capacidade de criar redes independentes da estrutura.	• Prometer mais que cumprir. • Dificuldade em produzir sem aprovação externa. • Prioridade excessiva dada às relações, com negligência frente às prioridades do próprio trabalho. • Lisonjas, sedução e manipulação. • Tentativa de exercer um poder indireto.

Pontos principais - Tipo 3	
A manifestar	**A evitar**
• Grande capacidade de trabalho. • Boa capacidade de resolver dificuldades. • Vontade de triunfar. • Orientação voltada para os resultados. • Autoconfiança e simpatia. • Forte capacidade e grande flexibilidade para estabelecer relações.	• Esquecimento da vida privada e desatenção com a própria saúde. • Superficialidade e exagerado gosto pela performance. • Esquivamento dos riscos. • Negligência com respeito aos detalhes, à qualidade e ao longo prazo. • Excessiva competitividade. • Excessivo apego ao curto prazo. Inconstância.

Pontos principais - Tipo 4	
A manifestar	**A evitar**
• Originalidade e criatividade. • Busca da qualidade e espírito crítico. • Consideração pelos fatores humanos, emocionais e de relacionamento. • Imaginação e senso estético e do belo. • Não desiste facilmente de alcançar os objetivos. Guerreiro. • Profundidade e sensibilidade.	• Insuficiente administração do cotidiano. • Dificuldade em terminar um projeto. • Excessiva manifestação das próprias emoções. Dramaticidade. • Oscilações de humor. • Baixa autoestima e vitimização. • Suscetibilidade. Dúvidas a respeito da própria competência e valor.

Pontos principais - Tipo 5	
A manifestar	**A evitar**
• Objetividade e rigor intelectual. • Excelente capacidade lógica. • Boa faculdade de análise. • Gosto pela pesquisa e pela informação. • Autonomia de trabalho. • Promoção da autonomia intelectual e boa delegação.	• Frieza nas relações. • Ignorância dos fatores humanos. • Excessiva preocupação com detalhes. • Dificuldade para agir. • Retraimento e pouca vontade de ocupar cargos de chefia. • Retenção de informações.

Potenciais pontos fortes a manifestar e pontos fracos a evitar nas empresas: tipos de Seis a Nove.

FIGURA 13.12

Pontos principais - Tipo 6

A manifestar	A evitar
• Respeito às regras, aos procedimentos e às estruturas. • Boa aptidão para a análise. • Facilidade em perceber os riscos e as dificuldades potenciais de um projeto. • Vontade, com as pessoas, de ir além das aparências. • Questionadores. • Lealdade com o gerente, os colegas e a empresa.	• Rigidez. Dificuldade em agir rápido e sob pressão. • Dificuldade com autoridade e em ser autoridade. • Dúvida e postergação. • Desconfiança excessiva e tendência a provocar "motins". • Moderação na ausência de dificuldades e de oposição. • Ausência de espírito crítico para com os membros de seu grupo e/ou agressividade com os que estão de fora.

Pontos principais - Tipo 7

A manifestar	A evitar
• Forte criatividade. • Boas aptidões para se relacionar, baseadas na jovialidade e no otimismo. • Poder de convencimento. • Ousadia e gosto pelo inusual. • Boa delegação e flexibilidade. • Gosto pela autonomia e capacidade para trabalhar sozinho.	• Irresponsabilidade e inconstância. • Dificuldade em se relacionar com pessoas mais críticas ou mais lúcidas. Esquivamento dos conflitos. • Tendência a negar ou a justificar os próprios erros. • Ausência de avaliação dos riscos e das dificuldades potenciais. Superficialidade. • Dificuldade de confrontar e colocar a "cara na tela". • Insuficiente acompanhamento do trabalho que lhe foi confiado. • Dificuldade de trabalhar em equipe.

Pontos principais - Tipo 8

A manifestar	A evitar
• Grande poder de decisão e sobretudo de trabalho. • Liderança. Tomar a iniciativa e agir. • Forte senso de justiça. Defesa das minorias. • Aptidão para definir e para exprimir uma posição clara. Franqueza. • Grande autonomia. • Ousadia e coragem frente às dificuldades.	• Dificuldade de relacionamentos com aqueles que não têm o seu ritmo. Atropelamento. • Dificuldade de lidar com a frustração. • Controle, gosto pelo poder e raiva. Atitude dominadora. • Comunicação abrupta demais. Insensibilidade. • Dificuldade de trabalhar em equipe. • Delegação insuficiente. • Tédio e perda de eficiência frente ao cotidiano.

Pontos principais - Tipo 9

A manifestar	A evitar
• Boa capacidade de relacionamento. • Senso de compromisso e talento para a mediação. • Aptidão para buscar um ambiente calmo e pacífico. • Respeito pelas regras e procedimentos. • Confiabilidade. • Talento para analisar bem os aspectos de uma situação antes de agir.	• Ineficácia em um meio conflituoso ou competitivo demais. • Hesitação em definir e exprimir uma posição pessoal. • Tendência a minimizar os conflitos e as dificuldades. • Afundamento na rotina. Dificuldade para fixar prioridades. • Dificuldade para dizer "não". • Indecisão. Mal-estar ao executar um trabalho submetido à pressão de tempo.

◆ Como o Eneagrama funciona?

O Eneagrama é um sistema dinâmico e, embora cada pessoa tenha um tipo primário ou básico, há interação também com quatro outros tipos, de modo que cada indivíduo é fortemente influenciado por cinco tipos (veja a **Figura 13.1**):

- O tipo básico.
- O tipo para o qual vai – seguindo a direção da seta – quando está tenso.
- O tipo para o qual vai – na direção oposta à da seta – quando está relaxado e alegre.
- Os tipos que estão ao lado do seu tipo primário, denominados "asas".

O detalhamento dos conceitos do Eneagrama associados às setas e às asas foge ao escopo do presente capítulo.

Citando Don Richard Riso[7], "o Eneagrama não nos prende num cubículo; ele simplesmente mostra o cubículo em que estamos encerrados e a saída que devemos tomar". Ainda nas palavras de Riso[8], os seguintes aspectos em relação aos tipos devem ser lembrados:

- Embora todos tenhamos uma mistura de vários tipos em nossa personalidade como um todo, há um determinado padrão ou estilo que é nossa "base" e ao qual retornamos sempre. Nosso tipo básico permanece o mesmo no decorrer da vida. As pessoas podem mudar e desenvolver-se de muitas maneiras, mas não passam de um tipo de personalidade a outro.
- As descrições dos tipos de personalidade são universais e aplicam-se tanto a homens quanto a mulheres. Evidentemente, as pessoas expressam os mesmos traços, atitudes e tendências de modo um tanto diferente, mas as questões básicas do tipo permanecem as mesmas.
- Nem tudo na descrição do seu tipo básico se aplicará a você todo o tempo. Isso ocorre porque nós transitamos constantemente entre traços saudáveis, médios e não saudáveis que compõem nosso tipo de personalidade. O amadurecimento, ou o estresse, também podem influir significativamente sobre nossa forma de expressar o tipo a que pertencemos.
- Embora seja usual atribuir a cada tipo um título descritivo, na prática é preferível utilizar o número correspondente no Eneagrama. Os números são neutros – eles são um modo de referência rápida e não preconceituosa aos tipos. Além disso, a sequência numérica dos tipos não é significativa: tanto faz pertencer a um tipo de número menor quanto a um de número maior. Por exemplo, não é melhor ser do Tipo Nove do que do Tipo Um.
- Nenhum dos tipos de personalidade é melhor ou pior do que os demais – todos têm pontos fortes e fracos, todos têm trunfos e desvantagens específicos. O que pode acontecer é que

determinados tipos sejam mais valorizados que outros numa determinada cultura ou grupo. Da mesma forma que cada um tem qualidades intrínsecas, tem também limitações características.
- Independente de qual seja o seu tipo, você tem em si, até certo ponto, algo dos nove tipos. Cultivá-los e colocá-los em ação é ver em si mesmo tudo que pode haver na natureza humana. Essa conscientização o levará a uma maior compreensão e compaixão pelos seus semelhantes, pois o fará reconhecer, em si próprio, várias facetas dos hábitos e reações deles. Será mais difícil condenarmos a agressividade do Tipo Oito ou a carência disfarçada do Tipo Dois, por exemplo, se estivermos atentos à agressividade e à carência que existem em nós mesmos.

Conforme mostra a **Figura 13.1**, cada três tipos do Eneagrama formam um grupo ou tríade. As características de cada tríade, conforme descrito por Richard Rohr e Andréas Ebert[9], são apresentadas na **Figura 13.13**.

♦ Como descobrir o seu tipo?

Ainda não existe um teste comprovado e fundamentado para que uma pessoa possa descobrir o próprio tipo. Existem questionários que podem fornecer uma indicação inicial, mas é importante que, mesmo após responder a esses questionários, a pessoa mantenha a "cabeça aberta" e leia um bom livro sobre o Eneagrama ou participe de um curso. Riso e Hudson[10] fazem as seguintes observações sobre a descoberta do tipo:
- Sempre é possível errar no autodiagnóstico – da mesma forma que também é possível ser erroneamente classificado por um "especialista em Eneagrama". Portanto, não se precipite em determinar o seu tipo. Leia atentamente obras sobre o tema e procure acostumar-se com o resultado por algum tempo. Fale sobre ele com as pessoas que o conhecem bem. A autodescoberta é um processo que não termina com a identificação do tipo a que se pertence – na verdade, isso é apenas o começo.
- Quando descobrir seu tipo, você saberá. Provavelmente vai sentir-se aliviado e constrangido, eufórico e preocupado. Coisas que inconscientemente sempre soube a seu próprio respeito de repente se tornarão claras, fazendo surgir padrões em ação na sua vida. Pode ter a certeza de que, quando isso acontecer, você terá identificado corretamente seu tipo de personalidade.

♦ Por que estudar e utilizar o Eneagrama?

A **Figura 13.14** ilustra os ganhos obtidos por meio do estudo e da utilização do Eneagrama e na **Figura 13.15** é mostrado como o sistema contribui para o bom desempenho de um profissional.

Tríades do Eneagrama[9].

FIGURA 13.13

Tríades	Tipos de Eneagrama	Características
Instinto	Oito, Nove e Um	Pessoas da tríade do instinto reagem imediata e espontaneamente sobre o que encontram e não filtram, primeiramente, a realidade através do cérebro. O centro corporal que as rege principalmente é o aparelho digestivo e o plexo solar. A vida é para elas uma espécie de campo de batalha. Interessam-se por poder e justiça de forma muitas vezes inconsciente. Precisam saber quem está no comando, são em geral diretas, aberta ou dissimuladamente agressivas e reivindicam seu próprio espaço. Essas pessoas vivem no presente, recordam o passado e esperam algo do futuro. Mas é difícil para elas seguir um plano bem definido e manter-se fiel a ele. Quando se dão mal, atribuem a culpa geralmente a si mesmas: "Fiz tudo errado. Sou mau". As pessoas da tríade do instinto são regidas por agressões – consciente ou inconscientemente. Mas têm pouco domínio sobre suas angústias e temores, que ficam escondidos atrás de uma fachada de autoafirmação. Externamente atuam com desembaraço e firmeza, ao passo que internamente podem ser atormentadas por dúvidas morais.
Sentimento	Dois, Três e Quatro	A energia das pessoas da tríade do sentimento move-se em direção aos outros. O mundo dos sentimentos subjetivos é seu domínio. Seu tema são as relações inter-humanas. O coração e o sistema circulatório são seu centro corporal. Assim como para as pessoas da tríade do instinto o importante é o poder, para essas, o que interessa é o estar à disposição. É difícil se concentrarem sobre si mesmas. Encaram a vida como uma tarefa que precisa ser executada. Por isso procuram (muitas vezes de forma não consciente) prestígio e aparência. Muitas vezes são dominadas pelo que os outros pensam delas e julgam saber o que é bom para os outros. Enquanto vivem exageradamente sua preocupação pelos outros, reprimem suas agressões e se escondem por trás de uma fachada de bondade e ativismo. Exteriormente atuam de forma desembaraçada, alegre e harmônica, mas internamente se sentem muitas vezes vazias, incapazes, tristes e envergonhadas.
Pensamento	Cinco, Seis e Sete	As pessoas da tríade do pensamento têm "o maior peso na cabeça". Sua torre de controle é o cérebro e a energia cerebral é uma energia que se afasta dos outros. Em cada situação, os integrantes desse grupo dão primeiro um passo para trás para refletir. São regidos pelo sistema nervoso central e encaram a vida principalmente como enigma ou mistério. Têm grande senso de ordem e dever. Sua atitude é, em geral, isenta e objetiva. Parecem ter menos necessidades e podem deixar espaço para os outros. Agem apenas depois que refletiram e então prosseguem metodicamente. Em situações de necessidade, acusam a si mesmas de bobas e indignas. Enquanto seu medo é exagerado, escondem não raro seus sentimentos de ternura através de uma fachada de objetividade e imparcialidade. Externamente agem de forma clara, convincente e inteligente, mas internamente sentem-se muitas vezes isoladas, confusas e absurdas.

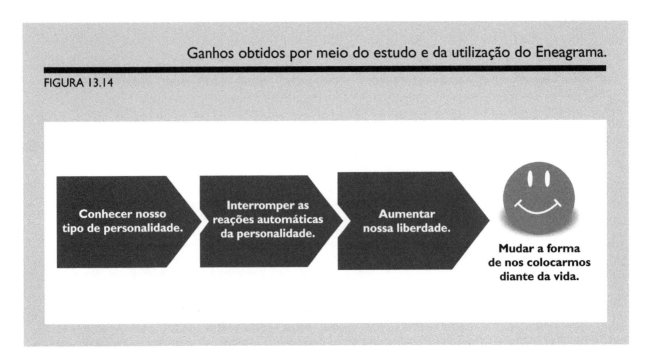

FIGURA 13.14 Ganhos obtidos por meio do estudo e da utilização do Eneagrama.

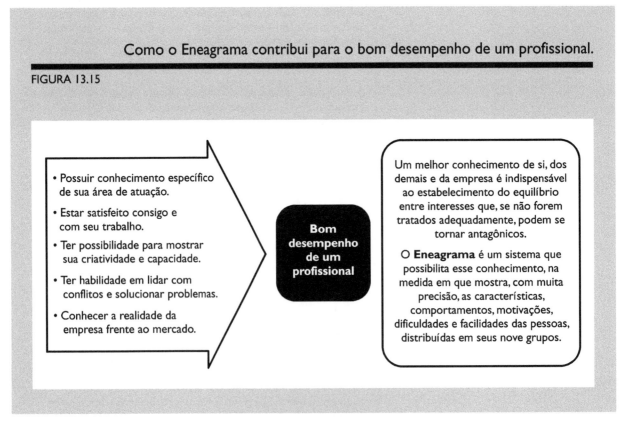

FIGURA 13.15 Como o Eneagrama contribui para o bom desempenho de um profissional.

Como o Eneagrama mostra com muita precisão as características, comportamentos, atitudes, motivações, dificuldades e facilidades das pessoas, distribuídas em seus nove grupos, ele deixa muito claros quais são os pontos fracos – que precisam ser mais bem conhecidos e minimizados – e

também os pontos fortes a serem incrementados. Através do trabalho das estruturas internas e modelos mentais das pessoas de uma forma vivencial, o Eneagrama pode, portanto, auxiliar no desenvolvimento dos seguintes aspectos:
- Autoconhecimento e autocompreensão.
- Melhoria da autoimagem.
- Compreensão dos modelos mentais das pessoas e dos relacionamentos pessoais e profissionais.
- Mobilização da própria motivação e da equipe.
- Desenvolvimento da criatividade e da flexibilidade.
- Comunicação efetiva no trabalho e com as pessoas de um modo geral.
- Aceitação de responsabilidades com base no conhecimento real de suas possibilidades.
- Detecção e gerenciamento do estresse.
- Capacidade para trabalhar em equipe de modo mais eficiente.
- Crescimento pessoal e profissional.

O Eneagrama também auxilia cada gestor a obter um melhor conhecimento dos perfis dos integrantes de sua equipe, possibilitando-lhes uma atuação mais adequada na empresa.

O Eneagrama torna explícito o fato de que as pessoas são diferentes e que tipos distintos de personalidade precisam ser gerenciados de maneira distinta. Ele ajuda as pessoas a entenderem que existem nove diferentes pontos de vista, nove conjuntos distintos de valores, nove estilos de comunicação diferentes, nove maneiras diferentes de ver a vida, nove modos de estar no mundo, todos igualmente úteis e válidos. Todos os tipos possuem algo necessário para ser agregado a um ambiente de trabalho equilibrado e bem-sucedido.

Nas palavras de Helen Palmer[11], "extraordinariamente preciso, o Eneagrama faculta-nos olhar profundamente para dentro do nosso próprio caráter e esclarecer os nossos relacionamentos com clientes, colegas de trabalho, familiares e amigos. Esse *insight* rapidamente transforma-se em empatia quando comparamos as nossas próprias inclinações com as das pessoas que são diferentes de nós. Olhar através dos olhos de outra pessoa e sentir a pressão da vida emocional dela move-nos à compaixão, porque, ao assumirmos a visão do outro, percebemos a correção do ponto de vista dele".

Algumas empresas que têm utilizado o Eneagrama são: Adobe, Amoco, AT&T, Avon Products, Boeing Corporation, The DuPont Company, e-Bay, Prudential Insurance (Japão), General Mills Corporation, General Motors, Alitalia Airlines, KLM Airlines, The Coalition of 100 Black Women, General

Mills, Kodak, Hewlett Packard, Toyota, Procter & Gamble, International Weight Watchers, Reebok Health Clubs, Motorola, Prudential Insurance, Sony, American Press Institute, Coca-Cola (México), Young & Rubicam, Aventis e Conoco-Philips.

Desde maio de 2007, o Grupo Werkema está utilizando o Eneagrama para o desenvolvimento e integração de toda a equipe que atua no setor administrativo do negócio e vem obtendo excelentes resultados.

Para concluir este tópico, é importante fazer um alerta: o Eneagrama não deve ser utilizado no contexto da seleção de pessoal. Para situar alguém no modelo do Eneagrama é preciso conhecer, realmente, a pessoa, o que é difícil de ocorrer nos prazos relativamente curtos envolvidos nos processos de seleção. Nas palavras de Patrícia e Fabien Chabreuil[12], "a dificuldade é dupla: primeiro, é complexo encontrar o tipo de uma pessoa e, depois, o conhecimento do tipo é insuficiente. A complexidade da identificação do tipo é devida ao fato de que o Eneagrama classifica as motivações e não os comportamentos. Portanto, um comportamento não é, em si, decisivo. Por exemplo, pelo menos quatro tipos podem transgredir as regras: o Quatro, porque elas são feitas para os semelhantes e não para os que são diferentes; o Seis, porque ele pode encontrar nelas o meio de exprimir sua recusa da autoridade; o Sete, porque ele não suporta as obrigações que arranham a sua sacrossanta liberdade; o Oito, porque ele é viciado na intensidade e na adrenalina presentes na vitória contra os desafios". Vale destacar que uma pessoa bem integrada em seu tipo é capaz de ocupar com sucesso qualquer função para a qual tenha competência técnica adequada. Sendo assim, ideias tais como "escolherei um tipo porque ele é duro nas negociações", "contratarei apenas pessoas de certos tipos para a área de vendas" e "para um cargo de direção preciso de um tipo X ou de um tipo Y" são estereótipos que devem ser banidos para a correta utilização do Eneagrama nas empresas.

◆ Qual é a relação entre o Eneagrama e outras teorias da personalidade?

Existem várias outras tipologias da personalidade, sendo algumas usadas no meio empresarial nos últimos anos. Uma das tipologias utilizadas por várias organizações é o *Myers-Briggs Type Indicator - MBTI*[13], baseado em tipos de personalidade junguianos, desenvolvido pela americana Katherine Briggs e sua filha Isabel Myers. O *MBTI* organiza as preferências de personalidade em quatro escalas bipolares: Introversão (I) – Extroversão (E); Sensação (S) – Intuição (N); Pensamento (T) – Sentimento (F) e Julgamento (J) – Percepção (P). Um tipo individual é resultante da combinação de cada uma das quatro escalas de preferência. Conforme mostra a **Figura 13.16**, quando as quatro escalas são combinadas em todos os modos possíveis, resultam 16 tipos psicológicos.

Os 16 tipos de personalidade do MBTI.

FIGURA 13.16

Introversão (I) Extroversão (E)	Sensação (S) – Intuição (N)				Julgamento (J) Percepção (P)
	S	S	N	N	
I	ISTJ	ISFJ	INFJ	INTJ	J
I	ISTP	ISFP	INFP	INTP	P
E	ESTP	ESFP	ENFP	ENTP	P
E	ESTJ	ESFJ	ENFJ	ENTJ	J
Introversão (I) Extroversão (E)	T	F	F	T	Julgamento (J) Percepção (P)
	Pensamento (T) – Sentimento (F)				

O *MBTI* é uma ferramenta útil para indicar a preferência mental de um indivíduo – ele trata como uma pessoa provavelmente abordará um problema. Embora isso seja útil, o Eneagrama vai além do MBTI ao fornecer informações inestimáveis sobre as motivações essenciais. O Eneagrama trata não apenas do como cada tipo aborda os problemas, mas do motivo pelo qual eles adotam uma abordagem particular. Ele também torna claro o que motiva cada tipo de pessoa, como cada tipo busca alcançar diferentes metas e reage ao estresse e conflito e qual é a melhor forma de comunicação com cada tipo. Resumindo, o Eneagrama é o mais completo e profundo tratamento do componente humano no gerenciamento, quando comparado com qualquer outro sistema que lida com estilos de personalidade. No entanto, é importante que fique claro que o *MBTI* e o Eneagrama são ferramentas que abordam facetas diversas do ser humano, servindo, cada uma, a seu propósito e ao objetivo da empresa.

• **Como o Eneagrama favorece o trabalho em equipe?**

Citando Patrícia e Fabien Chabreuil[14], no contexto do trabalho em equipe o Eneagrama pode ser utilizado para:

- Garantir a completude da equipe:
  - O Eneagrama permite pontuar precisamente as competências presentes na equipe e as que faltam.
- Distribuir a liderança:
  - No decorrer da resolução de um problema ou da realização de um projeto, as competên-

cias técnicas e humanas necessárias variam. O Eneagrama possibilita compreender qual é a melhor pessoa para exercer a liderança num dado momento e aceitar que ela faça isso.
- Evitar e resolver conflitos:
  - Ao permitir a compreensão dos mecanismos que estão na base de reações alheias, o Eneagrama induz sistematicamente à paciência e à tolerância. Quando ocorre um conflito, ele fornece os meios para resolver os seus aspectos humanos.

A seguir é detalhado como o Eneagrama pode ser utilizado para distribuir a liderança durante a condução de um projeto *Lean* Seis Sigma.

◆ Como trabalhar com a coliderança na condução de um projeto *Lean* Seis Sigma?

Uma equipe formada para conduzir um projeto *Lean* Seis Sigma é usualmente liderada por um *Black Belt*, que estabelece o caminho a ser seguido, dá assistência e apoia seus integrantes, motivando-os de forma que as melhores atuações possam ser obtidas.

Segundo Patrícia e Fabien Chabreuil[15], "qualquer que seja a força e a competência de um líder, ele só consegue formar uma verdadeira equipe quando pratica uma espécie de gerenciamento participativo. Na verdade, cada participante precisa, para ser motivado, ter a possibilidade de utilizar suas competências e ser responsável pela sua implantação. A situação ideal é aquela em que cada um é responsável pelo que faz de melhor. Isso é verdadeiro no plano técnico, bem como no plano humano. Do mesmo modo que uma verdadeira competência técnica é reconhecida e que a liderança correspondente é aceita, a autoridade induzida por competências ligadas à personalidade é facilmente admitida dentro de uma equipe cujo líder e cujos membros conhecem o Eneagrama. Não se trata, muito evidentemente, de o líder ter de renunciar a seu papel. O que está em questão é simplesmente o fato de que ele se apoia, em determinados momentos, em colíderes competentes."

Tomando como base o exemplo elaborado por Patrícia e Fabien Chabreuil[16], que mostra como a coliderança poderia passar de um tipo de personalidade para outro na condução de um projeto, é apresentada na **Figura 13.17** uma possível forma de coliderança na condução de um projeto *DMAIC* do *Lean* Seis Sigma. Por meio de sua é imediata a percepção da importância do uso do Eneagrama para a maximização do sucesso de um projeto *Lean* Seis Sigma.

FIGURA 13.17 — Coliderança na condução de um projeto *DMAIC* do *Lean* Seis Sigma[16].

Etapa do *DMAIC*	Objetivo	Atividades	Tipos do Eneagrama na coliderança
D *Define*	Definir com precisão o escopo do projeto.	Exteriorizar as emoções provocadas pelo projeto. Identificar as necessidades dos principais clientes do projeto. Realizar as demais atividades: trabalho concreto e objetivo que envolve obtenção de informações.	Quatro Dois ou Quatro Um ou Cinco
M *Measure*	Determinar a localização ou foco do problema.	Subdividir o problema em problemas menores e prioritários.	Um, Cinco ou Seis
A *Analyze*	Determinar as causas de cada problema prioritário.	Obter o máximo possível de informações sobre as possíveis causas do problema, para que seja determinada a causa fundamental.	Um, Cinco ou Seis
I *Improve*	Propor, avaliar e implementar soluções para cada problema prioritário.	Implementar soluções existentes que certamente funcionam. Inventar novas soluções. Priorizar as soluções: •Avaliar as contribuições positivas. •Avaliar os problemas e os riscos. •Considerar as consequências no plano humano. •Verificar a aplicação prática. •Negociar as soluções a serem implementadas. •Elaborar o plano para implementação das soluções. •Executar o plano.	Três ou Nove Sete ou Quatro Sete Um ou Seis Dois ou Quatro Três Nove Sete Três ou Oito
C *Control*	Garantir que o alcance da meta seja mantido a longo prazo.	Executar as atividades do *Control*: criar uma nova rotina de trabalho.	Três ou Oito

Capítulo 14.

Por que a comunicação interna é tão importante para o sucesso do *Lean* Seis Sigma?

"O que é duradouro não é o que resiste ao tempo, mas o que sabiamente muda com ele."

Péter Muller

♦ **Quais são as estratégias de comunicação interna para o *Lean* Seis Sigma?**

O sucesso do *Lean* Seis Sigma depende fortemente do gerenciamento do processo de mudança associado à sua implementação. A necessidade da mudança – representada pelos novos conceitos, ferramentas e modo de pensar e agir do *Lean* Seis Sigma – deve ser informada e entendida pelas pessoas da organização. Portanto, uma estratégia de comunicação interna cuidadosamente elaborada, que aborde as principais preocupações dos *stakeholders*[1] e que seja simples, direta, consistente e continuada, é um fator-chave para o êxito do programa. Ignorar a comunicação interna pode minar os esforços da empresa e fazer com que as pessoas preencham as lacunas de informações com rumores e especulações.

No lançamento do *Lean* Seis Sigma, a comunicação interna deve abordar os "Quatro Ps" mostrados na **Figura 14.1**[2].

FIGURA 14.1 — Os "Quatro Ps" da comunicação interna[2].

Purpose (Objetivo)	*Picture* (Descrição)	*Plan* (Plano de implementação)	*Part to Play* (Papel a desempenhar)
O que é o *Lean* Seis Sigma? Qual a razão fundamental para a adoção do *Lean* Sigma? Por que o *Lean* Seis Sigma e por que agora?	Como a organização será no futuro quando o *Lean* Seis Sigma for parte integrante do modo de operação da empresa?	Como o *Lean* Seis Sigma será incorporado aos planos operacionais das unidades de negócio? Como será a adequação da empresa para proporcionar infraestrutura, suporte, comunicação, reconhecimento e recompensas?	Quais serão os papéis das pessoas da empresa? As pessoas precisam sentir que: • Estão "em controle". • Têm um papel a desempenhar no processo de implementação do *Lean* Seis Sigma: • Patrocinadores; • Especialistas; • Participantes de times. ⇓ Aumento do comprometimento com a mudança.

O plano de comunicação interna, na fase inicial do *Lean* Seis Sigma, deverá antecipar e responder a algumas das perguntas mais frequentes sobre a implementação do programa, conforme exemplificado na **Figura 14.2**[3]. É claro que as respostas às perguntas dependerão dos objetivos determinados pela organização, da diversidade das pessoas que o plano de comunicação deverá atingir e da quantidade e abrangência das informações que cada grupo de *stakeholders* deverá receber.

Perguntas sobre a implementação do *Lean* Seis Sigma[3].

FIGURA 14.2

O que é?	O que tem a ver comigo?	O que significa para nosso negócio?
• O que é o *Lean* Seis Sigma? • O *Lean* Seis Sigma não é uma iniciativa exclusiva da manufatura? Como ele se relaciona aos nossos processos e negócio? • Nós já tivemos experiências com *TQM, CCQ, PDCA* e outras iniciativas. Então, o *Lean* Seis Sigma não é apenas o último "programa da moda"? • Parte da terminologia é estranha. O que é *Kaizen*? O que é *Kanban*?	• Como serei afetado pelo *Lean* Seis Sigma? • Qual será o impacto para o meu departamento? • No que diz respeito à segurança no emprego, o *Lean* Seis Sigma será uma ameaça em potencial ou um eventual benefício? • Eu não sou engenheiro – mesmo assim, haverá um papel para mim? • Onde vamos encontrar tempo para "fazer *Lean* Seis Sigma"? • A participação no programa trará vantagens para a carreira?	• Como o *Lean* Seis Sigma beneficiará nossos clientes? • Que papel os gestores desempenharão no *Lean* Seis Sigma? • Em que áreas o *Lean* Seis Sigma será inicialmente aplicado? Em quanto tempo aparecerão os resultados? • Quais critérios serão usados para a seleção das pessoas a serem treinadas?

Durante o progresso do *Lean* Seis Sigma, a alta administração da empresa deverá destacar os lucros resultantes do programa nos relatórios anuais e em outros instrumentos de comunicação e divulgar, além dos ganhos, as seguintes informações:

- Planos para treinamento dos funcionários.
- Projetos selecionados, em desenvolvimento e concluídos.
- Impacto para os clientes/consumidores externos e internos.
- Atividades já realizadas e a realizar.
- Dificuldades encontradas.

♦ **Quais são os principais canais de comunicação interna para a divulgação do *Lean* Seis Sigma?**

Para a elaboração do plano de comunicação interna, é muito importante considerar com cuidado os métodos que serão mais adequados para que as mensagens sejam recebidas e bem compreendidas pelas pessoas e estabelecer uma periodicidade regular para a comunicação por meio de diferentes canais. É fundamental lembrar que as pessoas absorvem informações e aprendem de modos diferentes! Alguns dos canais de comunicação interna que podem ser empregados são relacionados na **Figura 14.3**.

Para finalizar, é importante destacar que a comunicação interna, para ser bem-sucedida, deve ser tão **criativa** e **inovadora** quanto a comunicação institucional e a comunicação mercadológica da empresa. Esse é um aspecto que nunca deveria ser negligenciado pelas organizações.

Alguns canais de comunicação interna para a divulgação do Lean Seis Sigma.

FIGURA 14.3

Canais impressos, virtuais e face a face	Projetos especiais
• Jornal interno. • Revista interna. • *Newsletters* (coluna regular na *newsletter* da empresa ou criação de uma *newsletter* específica para o Lean Seis Sigma). • Memorandos do CEO. • Cartilha com perguntas e respostas sobre o Lean Seis Sigma. • Manual técnico do programa. • Banners. • Indoors (outdoors nas unidades de negócio). • Jornal mural. • Informativos dirigidos ou especiais. • *Intranet*. • *E-mail marketing*. • *Pop-ups*. • *Hot sites* especiais. • Encontros e reuniões face a face. • Apresentações em reuniões da alta administração.	• Eventos em datas comemorativas: aniversário da empresa e alcance de metas do programa, por exemplo. • *Talk show*. • Vídeo corporativo. • Caixa de sugestões. • *Survey* com os funcionários para *feedback* sobre o programa.

Alguns exemplos de canais de comunicação para a divulgação do Lean Seis Sigma são apresentados na **Figura 14.4**. Nessa figura são mostradas peças criadas pelos publicitários Miro de Paula e Ricardo Felipe e pela designer Suzan Correia, profissionais da empresa Ousar Comunicação Estratégica[4].

FIGURA 14.4

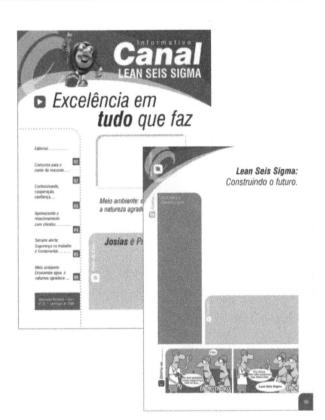

Exemplos de canais de comunicação para divulgação do *Lean* Seis Sigma[4].

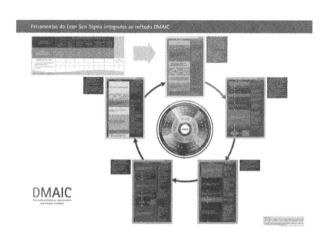

Capítulo 15

Como minimizar o impacto dos erros humanos na realização de medições?

"Nós precisamos ser as mudanças que queremos ver no mundo."

Gandhi

* Por que avaliar o impacto dos seres humanos como sensores em sistemas de medição?

Sabemos que, no Lean Seis Sigma, a avaliação dos sistemas de medição é uma atividade obrigatória durante as etapas dos métodos DMAIC e DMADV, sempre que for necessário garantir a confiabilidade dos dados empregados. É também uma realidade o fato de que empresas de todos os setores utilizam seres humanos como sensores em diversos sistemas de medição. Consequentemente, a importância de se conduzir uma avaliação cuidadosa da adequação dos seres humanos como sensores é inquestionável.

* Quais são as soluções para os principais tipos de erros humanos que podem ocorrer durante a realização de medições?

Apresentamos na **Figura 15.1**, com base no trabalho de J. M. Juran[1], algumas soluções para os principais tipos de erros humanos no contexto da realização de medições.

* Quais são os principais controles para impedir a ocorrência de erros na entrada de dados em sistemas de informação?

As possíveis fontes de incorreções na entrada de dados em sistemas de informação são:
- Perda de dados.
- Duplicação de dados.
- Dados errados.
- Dados incompletos.
- Omissão de dados.
- Falta de autorização nos dados.

Na **Figura 15.2**, extraídos do trabalho de Paulo Schmidt, José Luiz dos Santos e Carlos Hideo Arima[2], são apresentados os controles que podem ser implantados no módulo de entrada de dados para impedir a ocorrência dos erros listados acima.

Soluções para os principais tipos de erros humanos no contexto da realização de medições.[1]

FIGURA 15.1

Tipo de erro	Comentários	Soluções
Má interpretação	Para garantir interpretações uniformes das palavras é necessário prover definições precisas, acrescidas de instrumentos auxiliares, como listas de verificação e exemplos. Também devem ser fornecidas informações detalhadas e exemplos de como calcular, resumir, registrar etc. Em assuntos críticos, deve-se prover treinamento formal, juntamente com exames para verificar a "capacidade" dos candidatos a sensores em relação ao processo.	• Definição precisa. • Glossário. • Lista de verificação. • Exemplos.
Erro inadvertido	O erro inadvertido é não intencional, imprevisível e muitas vezes inconsciente, isto é, a pessoa que comete o erro não está, naquele momento, consciente de tê-lo cometido. A característica imprevisível do erro produz um caráter aleatório nos dados, que é útil para a identificação que os erros são do tipo inadvertido. A escolha da solução para esse tipo de erro é um pouco limitada, porque a causa básica dos erros inadvertidos é uma fraqueza inerente ao organismo humano: a incapacidade para se manter atento indefinidamente.	• Testes de aptidão para identificar as pessoas mais adequadas para as tarefas em questão. • Reorganização do trabalho, para reduzir fadiga e monotonia (períodos de descanso, rotação de tarefas etc.). • Mecanismos à prova de erros (*Mistake-Proofing* ou *Poka-Yoke*). • Redundância. • Automação. • Robótica.
Falta de técnica	O erro por falta de técnica é resultante do conhecimento incompleto por parte do sensor humano. Algumas pessoas desenvolveram uma forma mais habilidosa – algum tipo de "truque", ou seja, uma pequena diferença no método – que responde por uma grande diferença nos resultados. Aqueles que conhecem o "truque" obtêm resultados superiores; os outros, não. A solução nesse caso é estudar os métodos usados tanto por aqueles que têm desempenho superior, quanto por aqueles que apresentam desempenho inferior. Esses estudos identificam os "truques", que podem então ser transferidos a todos os trabalhadores através de treinamento ou incorporados à tecnologia.	• Identificação das formas mais habilidosas (melhores práticas) de condução dos procedimentos adotadas pelos trabalhadores bem-sucedidos. • Revisão da tecnologia para incorporar as melhores práticas. Retreinamento.

Soluções para os principais tipos de erros humanos no contexto da realização de medições.[1]

FIGURA 15.1 (continuação)

Tipo de erro	Comentários	Soluções
Erro consciente: Dissimulação Distorção Inutilidade	O erro consciente é intencional. A pessoa que comete esse erro sabe quando o comete e pretende continuar a cometê-lo, muitas vezes como uma forma de defesa contra injustiças reais ou imaginárias. A **dissimulação** é uma alteração deliberada dos dados coletados para uma variedade de propósitos normalmente egoístas: redução da carga de trabalho, fuga de tarefas desagradáveis, autoengrandecimento, medo de ser punido por ser portador de más notícias. A redução da dissimulação pode ser alcançada, em parte, pelo estabelecimento de um ambiente que favoreça a comunicação franca, o que exige liderança, por meio de exemplos, da alta administração. A **distorção** e a dissimulação são semelhantes, mas existem diferenças sutis. Na dissimulação o sensor humano conhece os fatos, mas os altera conscientemente. A distorção não é necessariamente consciente, sendo possível a existência de forças interiores que influenciam a resposta do sensor humano (por exemplo, ideias fixas devidas ao hábito). A distorção pode até mesmo ser inerente à estrutura do plano de atuação dos sensores humanos. Um exemplo é o teste conduzido por um fabricante de lâminas de barbear, no qual os relatórios dos funcionários que faziam o teste estavam distorcidos pelo fato de eles conhecerem o número de barbas já feitas com a lâmina que estava sendo testada. A sensação de **inutilidade** é outra fonte de erro consciente. Se os colaboradores descobrem que seus relatórios não levam a nada, eles deixam de fazê-los. A situação é ainda pior se os trabalhadores descobrem que sua recompensa por agir como sensores é uma culpa injustificada.	• Revisão do plano de coleta de dados. • Remoção da "atmosfera de culpa", ou seja, abordagem da ocorrência de erros de forma construtiva: "O que podemos fazer em conjunto para reduzir tais erros no futuro?" • Tomada de ação a partir das informações apresentadas nos relatórios ou explicação do motivo da ausência de ação. • Despersonalização das ordens. • Estabelecimento de responsabilidade. • Provisão de ênfase equilibrada nas metas. • Condução de auditorias da qualidade. • Criação de incentivos e competições. • Realocação do trabalho.

Controles no módulo de entrada de dados em sistemas de informação para o impedimento de erros.[2]

FIGURA 15.2

Controle	Descrição
Dupla informação.	O dado deve ser aceito pelo sistema mediante a aceitação por mais de um usuário envolvido e responsável. Como exemplo, o pagamento de uma compra de material só pode ser aceito com o pedido de compra mais o recebimento do respectivo material.
Verificação da sequência de numeração.	Os números de identificação dos registros de transação e/ou de lote devem ser testados em termos de processamentos realizados ou não e de estarem na sequência adequada. Como exemplo, o armazenamento das requisições de materiais já processados deve ser posteriormente comparado quando do processamento de uma nova requisição em termos da existência de duplicidade da numeração ou não.
Verificação visual.	Os documentos de entrada de dados devem ser verificados visualmente, se estão preenchidos de forma adequada por um funcionário do setor de preparação de dados. Como exemplo, o funcionário responsável deve verificar a existência de código, data e quantidade nos documentos de controle de lotes.
Verificação do formato dos dados.	Os campos das transações devem ser testados se estão preenchidos de forma apropriada, tanto para dados numéricos quanto para alfabéticos. Como exemplo, o valor do cheque deve ser numérico devido à operação aritmética.
Verificação da complementação dos dados.	Os campos obrigatórios das transações devem ser testados se estão devidamente preenchidos, não permitindo espaços em branco. Como exemplo, o código do material deve estar preenchido na requisição de material, devido a ser campo-chave.
Confirmação dos dados.	Os dados de entrada devem ser pré-processados para ressubmissão por parte do usuário para confirmação. Como exemplo, as alterações salariais devem ser confirmadas pelo Departamento Pessoal para posterior efetivação.
Verificação da data da transação.	O dia, mês e ano, bem como horário da transação, devem ser testados quanto a sua compatibilidade com as informações cadastrais ou variáveis paramétricas. Como exemplo, o movimento da primeira quinzena não pode ter transações com dia do mês superior a 15.
Verificação da digitação.	A exatidão dos dados digitados deve ser testada através da redigitação dos mesmos e comparada com a gravação original. Este controle é utilizado para campos alfanuméricos e/ou que não permitem verificações e testes de consistência. Como exemplo, as fichas cadastrais devem sofrer dupla digitação para posterior verificação da sua acurácia.
Verificação da coerência.	Os dados que compõem a transação devem ser testados quanto à sua coerência em si. Esse tipo de verificação é denominado teste horizontal. Como exemplo, a data de nascimento não deve ser maior que a data de contratação na empresa, bem como o certificado de reservista não pode estar preenchido para pessoas do sexo feminino.
Verificação de transações pendentes.	A cada processamento de um conjunto de transações deve-se testar a existência de transações aguardando acerto ou correção por parte do usuário responsável. Para esse caso, há necessidade de criação e manutenção do "Arquivo de transações pendentes aguardando correção". Como exemplo, antes do fechamento da contabilidade de um determinado mês, deve ser emitido um relatório contendo os lançamentos pendentes do movimento em questão.

Controles no módulo de entrada de dados em sistemas de informação para o impedimento de erros.[2]

FIGURA 15.2 (continuação)

Controle	Descrição
Dígito de autoverificação.	Na digitação do campo numérico deve ser testado o erro de transcrição ou inversão de números, principalmente no que tange ao campo-chave. O dígito de autoverificação é calculado no momento de processamento e o resultado obtido é comparado com o dígito informado na transação. Como exemplo, o código 6857-8, aplicado ao módulo de autoverificação, teria o dígito de controle diferente para o código 7865-7.
Verificação de validade.	Os campos das transações devem ser testados verificando-se se são compatíveis com as informações cadastrais ou variáveis. Como exemplo, se um material não existe, não pode ser requisitado; o mês deve estar no intervalo de 1 a 12, inclusive.
Verificação de limites de valores.	O valor da transação deve ser testado verificando-se se está de acordo com limites inferior e/ou superior previamente estabelecidos. Como exemplo, o pedido de compra do Departamento de Manutenção não pode exceder R$ 50.000,00.
Verificação de totais de lotes.	O total apurado no processamento do lote de transações deve coincidir com o total informado pelo usuário na ocasião da confecção do respectivo lote. Esse lote é estabelecido através do documento denominado "Capa de Lote", agrupando um conjunto de transações, cujo total é registrado no respectivo documento. O total pode ser do tipo monetário, quantidade de documentos, quantidade de linhas com mais de uma transação por documento, ou não monetário, porém, numérico, que permita a totalização. Como exemplo, pode-se construir lote de cheques, lote de fichas cadastrais, lote de fichas de compensação, lote de notas fiscais etc.
Verificação do total da grade de lotes.	O total apurado no processamento do movimento de transações de um período deve coincidir com o total geral informado pelo usuário. Esse total geral é estabelecido através do documento denominado "Grade de Lotes", agrupando um conjunto de lotes de dados referentes a um determinado período, cujo total é registrado na respectiva "Grade de Lote" do período. O tipo de total da "grade" deve coincidir com o tipo de total dos lotes. Como exemplo, pode-se constituir a "grade" do movimento diário de cheques, bem como de fichas de compensação, "grade" de fichas cadastrais, "grade" de duplicatas etc.
Pré-numeração dos formulários.	Técnica adotada em qualquer documento fiscal que facilita a verificação da numeração e sequência das transações. Ela permite detectar a falta ou a duplicidade de transações realizadas. Também pode ser utilizada no relacionamento do dado pré-numerado com outros conjuntos de dados. Como exemplo, as etiquetas autoadesivas com número de operação pré-impresso, sendo uma colada no contrato e outra no carnê de pagamento.
Formulários pré-preenchidos.	Alguns dados já existentes e fixos a serem utilizados em processamentos futuros devem ser apresentados nos formulários pré-preenchidos, evitando-se assim a reprodução ou a reescrita, para reduzir os erros de transcrição e de digitação. Como exemplo, os caracteres óticos nas contas de energia, telefone e água, aproveitados na ocasião do pagamento das contas, a requisição de materiais emitida automaticamente pelo computador que retorna com quantidade, data e assinaturas.

FIGURA 15.2 — Controles no módulo de entrada de dados em sistemas de informação para o impedimento de erros.[2] (continuação)

Controle	Descrição
Cancelamento de transações já processadas.	A cada processamento de um documento de transação se requer a aplicação de um mecanismo que registre o "cancelamento" e/ou a indicação de "transações já processadas", reduzindo-se assim a possibilidade de reentrada indevida da respectiva transação. Como exemplo, uso do carimbo "PROCESSADO" nos documentos-fonte de transação, bem como registro de um status de processamento efetuado no respectivo registro de transação, providências tomadas após a execução da aplicação.
Entrada por exceção.	O sistema assume no início do processamento certa condição ou valor, e só a altera no caso de receber um dado de entrada que indique condição ou valor diferente. Como exemplo, a rotina de faturamento sem cálculo de desconto, salvo percentual expresso no pedido de venda especial.
Opção *default*.	Caso determinada condição ou valor não possua dado de entrada, o sistema assume uma condição ou valor padrão, previamente estipulado. Como exemplo, campo de condição de pagamento, quando não informado, isto é, em branco, assume-se como venda à vista; data da emissão de um determinado documento emitido pelo sistema, quando não informada, assume-se a data em que está sendo processado pelo sistema.
Formulário autoexplicativo.	O formulário autoexplicativo facilita a compreensão quanto ao preenchimento e conteúdo, evitando erros de interpretações pessoais indevidas. Como exemplo, "Formulário para Declaração de Imposto de Renda".

Capítulo 16.

Por que a *TRIZ* é uma poderosa ferramenta para a inovação?

"Não é possível, sem emoção, transformar a escuridão em luz e a apatia em movimento."

Carl Gustav Jung

◆ O que é *TRIZ*?

TRIZ é a sigla russa para *Teoriya Resheniya Izobreatatelskikh Zadatch* e significa Teoria da Solução Inventiva de Problemas (*Theory of Inventive Problem Solving*, em inglês). A *TRIZ* é uma criação de Genrich S. Altshuller (1926-1998), um pensador de origem judaico-russa, que começou a desenvolvê-la no final da década de 1940. Altshuller estudou patentes de diferentes áreas, com o objetivo de buscar alternativas mais eficazes aos métodos intuitivos de solução criativa de problemas, até então utilizados. Com base nesses estudos, Altshuller buscava definir os processos envolvidos na obtenção das soluções criativas contidas nas patentes. A análise das patentes permitiu a descoberta de alguns padrões, a partir dos quais foram definidos os princípios e leis que constituem a *TRIZ*. Devido à ausência de intercâmbio da ex-URSS com os países ocidentais, somente no final da década de 1980 foi iniciada a difusão da *TRIZ* no ocidente. Nos últimos anos, a expansão do uso da *TRIZ* vem ocorrendo em outros campos fora do domínio das áreas técnicas (engenharia), tais como administração, economia, arquitetura, publicidade e serviços de modo geral. É consenso dos especialistas que a *TRIZ* ainda está em sua fase inicial de desenvolvimento – no entanto, ela já vem demonstrando seu inquestionável poder como uma ferramenta estruturada para fomentar a inovação.

A *TRIZ* é uma importante ferramenta a ser utilizada em projetos *DMADV* do *Design for Lean Six Sigma* e também em projetos *DMAIC* do *Lean Six Sigma*. A **Figura 16.1**[1] é uma representação esquemática da forma de solução de problemas da *TRIZ*.

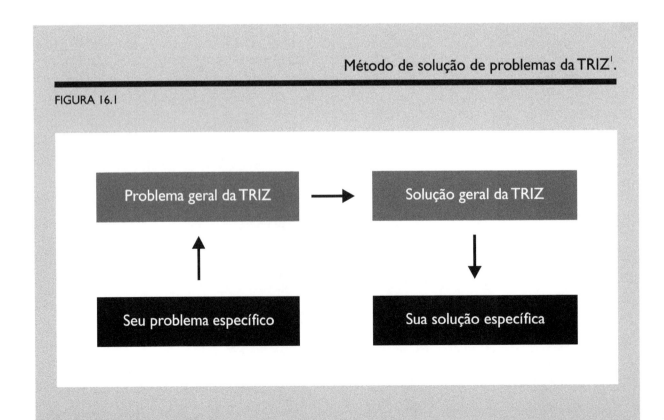

Método de solução de problemas da TRIZ[1].

FIGURA 16.1

Um relato dos ganhos que podem ser obtidos por meio da utilização da TRIZ é apresentado na matéria de capa da edição de julho/agosto de 2007 da *iSixSigma Magazine*[2], que aborda a combinação entre inovação e Seis Sigma na *The Dow Chemical Co*. Nessa matéria, o *Master Black Belt* e *TRIZ expert* Tom Kling oferece provas empíricas da eficácia da TRIZ como um método para fomentar a criatividade. "Com um grupo de dez pessoas em uma sessão de *Brainstorming*, frequentemente encerramos com algo entre 200 e 500 soluções, mas cerca de apenas 3% a 5% dessas ideias serão úteis. As restantes serão abandonadas rapidamente durante a fase de avaliação. Com a análise e o pensamento estruturado que estão presentes nos métodos da TRIZ, descobrimos que um grupo similar de pessoas produzirá de 75 a 100 ideias, mas pelo menos a metade ou dois terços delas serão viáveis. Portanto, ocorre um número mais elevado de ideias de solução exequíveis quando são empregados os métodos da TRIZ. Outra medida do valor da TRIZ para a Dow é o número de patentes geradas em trabalhos de *design*. Tipicamente, a Dow gera uma ou duas ideias patenteáveis em um projeto. Usando a TRIZ, somos capazes de definir uma ampla gama de alternativas e gerar de seis a oito patentes em um projeto dessa natureza. Algumas dessas patentes são rapidamente transformadas em realidade, enquanto outras podem funcionar como um mecanismo para bloquear os competidores – a organização pode descrever todas as invenções possíveis relacionadas a uma tecnologia e obter essas patentes antes que outras empresas sequer pensem na possibilidade."

♦ **Quais são os conceitos básicos da TRIZ?**

Os conceitos básicos da TRIZ são apresentados na **Figura 16.2**[3].

♦ **Em que consiste o Método dos Princípios Inventivos (MPI)?**

O Método dos Princípios Inventivos (MPI) é o mais difundido dos métodos da TRIZ. Os princípios inventivos (PIs) são heurísticas, ou sugestões de possíveis soluções para um determinado problema. Tais princípios foram obtidos a partir da generalização e agrupamento de soluções repetidamente utilizadas na criação, desenvolvimento e melhoria de sistemas técnicos de diferentes áreas. Esse trabalho foi feito a partir da análise de uma grande quantidade de patentes. Os PIs são apresentados na **Figura 16.3**. A forma mais comum de utilização dos princípios inventivos é o uso direto, que consiste na simples análise de cada um dos PIs e posterior tentativa de aplicá-los para a melhoria do sistema.

Conceitos básicos da TRIZ[3].

FIGURA 16.2

Conceito	Descrição
Idealidade	A idealidade de um sistema técnico (ST) é a razão entre o número de funções desejadas e o número de funções não desejadas executadas pelo sistema. O próprio ST é entendido, na TRIZ, como um "preço" pago pela execução de funções desejadas por seus usuários. O usuário e a sociedade "pagam" o custo financeiro do ST, seu desenvolvimento, sua utilização e manutenção, sua produção e descarte. Quanto mais próximo do ideal, ou seja, quanto mais evoluído o ST, menor é esse "preço". A partir do conceito de idealidade, é definido o Resultado Final Ideal – RFI como sendo uma solução à qual se pretende chegar na solução do problema, que seja mais próxima do ideal que a solução atual.
Contradição	Contradições são requisitos conflitantes com relação a um mesmo sistema. Por exemplo, a haste de um ferro de solda utilizado na montagem de componentes elétricos e eletrônicos deve ser longa, para não queimar a mão do soldador e deve ser curta, para facilitar o controle da operação. Uma solução extremista seria fazer a haste muito longa, o que evitaria queimaduras, mas, prejudicaria a precisão do controle. Outra solução extremista seria fazer a haste curta, o que provocaria ferimentos no soldador ou introduziria a necessidade de uso de equipamentos de proteção. Uma solução que procura contornar a contradição seria fazer a haste não muito curta, nem muito longa, isto é, um meio termo. A busca de solução da contradição consiste em não procurar evitá-la, mas, resolvê-la criativamente. Como um exemplo de solução que resolve a contradição, a haste poderia ter forma similar à de uma ferradura. Assim, o cabo seria suficientemente longo, para adequada transmissão de calor e seria suficientemente curto, para um controle adequado.
Recursos	Os recursos de um sistema podem ser definidos como quaisquer elementos do sistema ou das cercanias que ainda não foram utilizados para a execução de funções úteis no sistema. Há casos em que a simples identificação de recursos não aproveitados em um sistema leva a soluções inventivas. Existem diferentes classes de recursos: internos; externos; naturais; sistêmicos; funcionais; espaciais; temporais; de campo; de substância; de informação. Um exemplo do uso de recursos do sistema é o turbocompressor utilizado em motores de combustão interna, que transforma parte da energia dos gases de combustão em sobrepressão do ar alimentado. Neste caso, o recurso utilizado corresponde à energia. Outro exemplo é o aproveitamento de resíduos liberados num processo como insumo para um outro processo, numa utilização de recursos de substância.

FIGURA 16.3 — Princípios inventivos.

Princípios inventivos

1. Segmentação ou fragmentação
2. Remoção ou extração
3. Qualidade localizada
4. Assimetria
5. Consolidação
6. Universalização
7. Aninhamento
8. Contrapeso
9. Compensação prévia
10. Ação prévia
11. Amortecimento prévio
12. Equipotencialidade
13. Inversão
14. Recurvação
15. Dinamização
16. Ação parcial ou excessiva
17. Transição para nova dimensão
18. Vibração mecânica
19. Ação periódica
20. Continuidade da ação útil
21. Aceleração
22. Transformação de prejuízo em lucro
23. Retroalimentação
24. Mediação
25. Autosserviço
26. Cópia
27. Uso e descarte
28. Substituição de meios mecânicos
29. Construção pneumática ou hidráulica
30. Uso de filmes finos e membranas flexíveis
31. Uso de materiais porosos
32. Mudança de cor
33. Homogeneização
34. Descarte e regeneração
35. Mudança de parâmetros e propriedades
36. Mudança de fase
37. Expansão térmica
38. Uso de oxidantes fortes
39. Uso de atmosferas inertes
40. Uso de materiais compostos

- **Como usar os 40 princípios inventivos?**

Na **Figura 16.4**, elaborada com base nos textos de Genrich Altshuller[4], *40 Principles Extended Edition: TRIZ Keys to Technical Innovation*, pp. 24-103 e de John Terninko, Alla Zusman e Boris Zlotin[5], *Systematic Innovation: An Introduction to TRIZ*, pp. 165-176, é apresentada uma descrição dos 40 princípios inventivos, juntamente com exemplos de sua utilização.

Descrição dos 40 princípios inventivos.

FIGURA 16.4

Princípio inventivo	Descrição	Exemplos
1 – Segmentação ou Fragmentação (Segmentation)	• Dividir um objeto em partes independentes, tal como subdividir um espaço em espaços menores. • Segmentar um objeto, inclusive para facilitar a montagem e a desmontagem. • Aumentar o grau de segmentação (ou fragmentação) de um objeto.	• Projetar móveis modulares, que podem ser montados pelo consumidor. • Dividir livros em capítulos, com o objetivo de aprimorar o entendimento e aceitação pelo leitor. • Construir postes de sinais de trânsito temporários usando partes conectadas por meio de articulações flexíveis, para facilitar o transporte e a instalação.
2 – Remoção ou Extração (Extraction, Taking Out)	• Remover ou separar a parte ou propriedade indesejada ou desnecessária do objeto. • Extrair apenas a parte desejada ou necessária do objeto.	• Remover o motor de um aparelho e instalá-lo em um lugar apropriado, de modo a minimizar o ruído. • Extrair ouro de um tipo de minério, por meio de um processo químico que diferencia as características dos dois materiais. • Criar áreas para fumantes em restaurantes.
3 – Qualidade Localizada (Local Quality)	• Alterar a estrutura de um objeto ou o ambiente externo de homogêneo para heterogêneo. • Atribuir diferentes funções para cada parte de um objeto. • Empregar cada parte de um objeto na melhor condição para sua operação.	• Corrugar uma superfície para aumentar o atrito. • Construir um filtro para poeira de modo que a membrana externa possua poros maiores, para uma filtração preliminar, e a interna apresente poros menores, para a coleta de particulados mais finos. • Usar o gradiente de temperatura em um forno para afetar o modo de preparo de alimentos assados.
4 – Assimetria (Asymmetry)	• Alterar a forma de um objeto de simétrica para assimétrica. • Aumentar o grau de assimetria de um objeto.	• Corrugar uma superfície para aumentar o atrito. • Construir um filtro para poeira de modo que a membrana externa possua poros maiores, para uma filtração preliminar, e a interna apresente poros menores, para a coleta de particulados mais finos. • Usar o gradiente de temperatura em um forno para afetar o modo de preparo de alimentos assados.
5 – Consolidação (Consolidation, Merging, Combining, Integration)	• Usar objetos idênticos ou similares para executar operações em paralelo. • Executar operações em paralelo.	• Combinar vários formatos de tecnologia em um único equipamento eletrônico, como um DVD player que também toca CDs e MP3. • Operar microcomputadores em rede.

Por que a TRIZ é uma poderosa ferramenta para a inovação?

Descrição dos 40 princípios inventivos.

FIGURA 16.4 (continuação)

Princípio inventivo	Descrição	Exemplos
6 – **Universalização** (*Universality*)	• Atribuir múltiplas funções a um objeto, eliminando a necessidade de outros objetos.	• Sofá-cama. • Alça de mala que possa ser usada como ferro de passar roupas.
7 – **Aninhamento** (*Nesting, Nested Doll*)	• Pôr um objeto dentro de outro e colocar esses dois objetos dentro de um terceiro, e assim por diante. • Passar um objeto através de uma cavidade em outro objeto.	• Conjunto de xícaras para dosagem. • Mesas e cadeiras que podem ser empilhadas. • Embalagens de batatas fritas contendo um sachê com molho em seu interior. • Antena telescópica.
8 – **Contrapeso** (*Antiweight, Counterweight, Counterbalance*)	• Compensar o peso de um objeto por meio da união com outro objeto que forneça sustentação. • Compensar o peso de um objeto por meio da interação com o ambiente (uso de forças aerodinâmicas, hidrodinâmicas etc.).	• Guindaste usado para elevar e mover objetos pesados. • Aerofólio do carro de corrida. • Barco com hidrofólios.
9 – **Compensação Prévia** (*Prior Counteraction, Preliminary Antiaction*)	• Contrabalançar ou compensar previamente uma ação que será executada. • Tensionar previamente e de modo contrário um objeto que será tensionado.	• Coluna de concreto reforçada. • Impermeabilização de estofados e tapetes. • Uso de proteções, de modo geral. • Eixo de uma turbina composto por vários tubos torcidos na direção oposta à rotação do eixo.
10 – **Ação Prévia** (*Prior Action, Preliminary Action*)	• Realizar uma ação previamente (completa ou parcialmente). • Arranjar objetos previamente de modo que eles atuem da forma mais conveniente e/ou mais rápida.	• Alimentos pré-cozidos. • Organizar previamente ferramentas e moldes necessários para o setup de uma máquina.
11 – **Amortecimento Prévio** (*Cushion in Advance, Beforehand Cushioning*)	• Compensar a baixa confiabilidade de um objeto com medidas de precaução preparadas com antecedência.	• Placas magnéticas colocadas nos objetos vendidos em lojas para evitar furtos. • Etiquetas especiais usadas na identificação de frascos que contêm substâncias venenosas. • Airbags em automóveis.
12 – **Equipotencialidade** (*Equipotentiality*)	• Modificar as condições de trabalho para evitar levantamento e/ou abaixamento de um objeto.	• Carregamento de um container em um caminhão.

FIGURA 16.4 — Descrição dos quarenta princípios inventivos.

(continuação)

Princípio inventivo	Descrição	Exemplos
13 – Inversão *(Inversion, The Other Way Around)*	• Inverter a ação usada normalmente para resolver o problema. • Fixar partes móveis e tornar móveis partes fixas. • Virar um objeto de "cabeça para baixo".	• Resfriar o eixo em lugar de aquecer o tubo na montagem por interferência. • Girar a ferramenta e fixar a peça. • Inverter a posição do motor na montagem, para facilitar a fixação com parafuso. • Limpar peças por abrasão por meio da vibração das peças e não do abrasivo.
14 – Recurvação *(Spheroidality, Curvature)*	• Substituir partes retilíneas por partes curvas, superfícies planas por esféricas e formas cúbicas por redondas. • Usar rolamentos, esferas ou espirais. • Substituir movimentos lineares por rotatórios e utilizar a força centrífuga.	• Mouse para microcomputador. • Porta-CD.
15 – Dinamização *(Dynamicity, Dynamics)*	• Fazer com que possam ser otimizadas durante a operação as características de um objeto, ambiente, ou processo. • Dividir um objeto em partes com movimento relativo. • Tornar um objeto móvel ou permutável.	• Espelhos e luminárias ajustáveis. • Veículos com suspensão independente nas quatro rodas.
16 – Ação Parcial ou Excessiva *(Partial or Excessive Action)*	• Executar um pouco menos ou um pouco mais quando é difícil conseguir 100% de um determinado efeito.	• Pintura de peças cilíndricas por imersão na tinta e posterior rotação para remoção do excesso.
17 – Transição para Nova Dimensão *(Moving to a New Dimension, Another Dimension, Transition into a New Dimension)*	• Mudar de linear para planar, de planar para tridimensional. • Utilizar arranjos em prateleiras ou camadas. • Inclinar ou virar o objeto para o lado. • Utilizar o outro lado do objeto.	• Caminhão betoneira. • Placas de circuito impresso com componentes dos dois lados.
18 – Vibração Mecânica *(Mechanical Vibration)*	• Produzir a vibração de um objeto. • Aumentar a frequência da vibração de um objeto. • Utilizar a frequência de ressonância do objeto. • Substituir vibradores mecânicos por piezelétricos. • Combinar vibrações ultrassônicas e eletromagnéticas.	• Bateria vibratória de telefone celular. • Usar vibração para separar objetos. • Ferramentas de corte ultrassônicas.

Por que a TRIZ é uma poderosa ferramenta para a inovação?

Descrição dos 40 princípios inventivos.

FIGURA 16.4 (continuação)

Princípio inventivo	Descrição	Exemplos
19 – Ação Periódica (*Periodic Action*)	• Substituir ações contínuas por ações periódicas. • Mudar a frequência da ação periódica. • Usar pausas entre os pulsos para executar ações adicionais.	• Parafusador de impacto. • Lâmpadas de advertência.
20 – Continuidade da Ação Útil (*Continuity of Useful Action*)	• Fazer com que todas as partes de um objeto trabalhem a plena carga, todo o tempo. • Eliminar tempos mortos e pausas durante o uso do objeto.	• Evitar ligar e desligar o microcomputador, para aumentar a vida útil do disco rígido. • Operar uma linha de produção como um fluxo contínuo, para reduzir estoques e *lead time*.
21 – Aceleração (*Rushing Through, Skipping, Hurrying*)	• Executar as operações perigosas, nocivas ou destrutivas de um processo em alta velocidade.	• Broca odontológica de alta velocidade. • Corte em alta velocidade de tubos de plástico para evitar deformações.
22 – Transformação de Prejuízo em Lucro (*Convert Harm into Benefit, Blessing in Disguise, Turn Lemons into Lemonade*)	• Utilizar fatores prejudiciais do objeto ou ambiente para obter resultados úteis. • Remover o fator prejudicial pela combinação com outro fator prejudicial. • Amplificar o fator prejudicial até que ele deixe de ser prejudicial.	• Aproveitamento dos resíduos de um processo. • Radioterapia.
23 – Retroalimentação (*Feedback*)	• Introduzir retroalimentação para melhorar uma ação ou processo. • Se a retroalimentação já estiver presente, alterar sua magnitude ou influência.	• Boia na caixa d'água. • Componentes eletrônicos que detectam uma instabilidade no sistema e geram um sinal para compensar a instabilidade.
24 – Mediação (*Mediator, Intermediary*)	• Utilizar um objeto ou processo intermediário para executar uma ação. • Misturar temporariamente um objeto (que possa ser facilmente removido) com outro.	• Transporte de materiais abrasivos em suspensões líquidas.
25 – Autosserviço (*Self-service*)	• Fazer com que um objeto ajude a si mesmo por meio da execução de funções suplementares e/ou de reparo. • Utilizar rejeitos de energia ou materiais.	• Equipamentos que executam autoverificações periodicamente. • Casca da salsicha.

Descrição dos 40 princípios inventivos.

FIGURA 16.4 (continuação)

Princípio inventivo	Descrição	Exemplos
26 – Cópia *(Copying)*	• Substituir objetos de difícil obtenção, frágeis, caros e/ou difíceis de usar por cópias simples e baratas. • Substituir um objeto ou processo por cópias óticas. • Utilizar cópias infravermelhas ou ultravioletas do objeto.	• Avaliação da altura de um objeto alto por meio da medição de sua sombra. • Simulação de um produto ou processo.
27 – Uso e Descarte *(Disposable, Cheap Short-living)*	• Substituir um objeto caro por vários objetos baratos, comprometendo outras propriedades (durabilidade, por exemplo).	• Copos descartáveis. • Fraldas descartáveis.
28 – Substituição de Meios Mecânicos *(Replacement of Mechanical System, Mechanics Substitution)*	• Substituir um sistema mecânico por um sistema ótico, acústico, térmico, ou olfativo. • Utilizar campos elétricos, magnéticos ou eletromagnéticos para interagir com o objeto. • Mudar campos de estáticos para móveis, de aleatórios para estruturados. • Utilizar campos em conjunto com partículas ativadas pelos campos.	• Substituição de sistemas mecânicos de cálculo por sistemas eletrônicos. • Mecanismos para separação de lixo residencial para reciclagem.
29 – Construção Pneumática ou Hidráulica *(Pneumatic or Hydraulic Construction, Pneumatics or Hydraulics)*	• Substituir partes sólidas de um objeto por líquidos ou gases.	• Embalagens com bolhas de plástico. • *Airbag* de um automóvel.
30 – Uso de Filmes Finos e Membranas Flexíveis *(Flexible Membranes and Thin Films, Flexible Shells and Thin Films)*	• Utilizar filmes finos ou membranas flexíveis no lugar de estruturas tridimensionais. • Isolar o objeto do ambiente externo utilizando filmes finos ou membranas flexíveis.	• Filmes para isolamento térmico ou visual. • Caixa para ovos.
31 – Uso de Materiais Porosos *(Porous Materials)*	• Tornar o objeto poroso ou adicionar elementos porosos. • Se o objeto já é poroso, introduzir substâncias ou funções úteis nos poros desse objeto.	• Mancais obtidos por sinterização e impregnados com óleo. • Uso de carvão ativo para absorção de vapores.

Descrição dos 40 princípios inventivos.

FIGURA 16.4 (continuação)

Princípio inventivo	Descrição	Exemplos
32 – Mudança de Cor *(Changing the Color, Color Changes)*	• Modificar a cor do objeto ou do ambiente. • Mudar a transparência do objeto ou do ambiente. • Usar aditivos coloridos para observar objetos ou processos de difícil visualização. • Usar aditivos luminescentes para observar objetos ou processos de difícil visualização.	• Curativo transparente. • Uso de contraste em tomografias.
33 – Homogeneização *(Homogeneity)*	• Fazer objetos que interagem entre si do mesmo material ou de materiais com propriedades idênticas.	• Reservatório construído com o mesmo material do seu conteúdo, para evitar contaminação.
34 – Descarte e Regeneração *(Rejecting and Regenerating Parts, Discarding and Recovering)*	• Eliminar ou modificar partes de um objeto que já tenham cumprido sua função. • Regenerar partes consumíveis de um objeto durante a operação.	• Ejeção do cartucho após o tiro.
35 – Mudança de Parâmetros e Propriedades *(Transformation of Properties, Parameter Changes)*	• Mudar o estado de agregação, a concentração, a consistência, o grau de flexibilidade ou a temperatura do objeto.	• Congelar alimentos para facilitar o transporte e a armazenagem. • Mudar a embalagem de um produto de vidro para plástico flexível, para facilitar a retirada da embalagem.
36 – Mudança de Fase *(Phase Transition)*	• Utilizar fenômenos relacionados à mudança de fase (liberação ou absorção de calor, mudança de volume etc.).	• Armazenagem de ácidos no estado sólido, devido ao menor poder corrosivo.
37 – Expansão Térmica *(Thermal Expansion)*	• Usar a expansão ou contração térmica dos materiais. • Associar materiais com diferentes coeficientes de expansão térmica.	• Tira bimetálica usada como termostato. • Montagem de um eixo e um mancal por interferência.
38 – Uso de Oxidantes Fortes *(Strong Oxidants, Accelerated Oxidation, Enriched Atmosphere)*	• Usar a expansão ou contração térmica dos materiais. • Associar materiais com diferentes coeficientes de expansão térmica.	• Maçarico para solda oxiacetilênica. • Aceleração de reações químicas pela utilização de ozônio.

FIGURA 16.4 — Descrição dos 40 princípios inventivos. (continuação)

Princípio inventivo	Descrição	Exemplos
39 – Uso de Atmosferas Inertes *(Inert Environment, Inert Atmosphere)*	• Substituir o ambiente normal por um ambiente inerte. • Adicionar a um objeto partes neutras ou aditivos inertes.	• Usar espuma para isolar o fogo de uma fonte de oxigênio. • Para evitar que o algodão pegue fogo quando armazenado, o mesmo é tratado com um gás inerte no transporte até o depósito.
40 – Uso de Materiais Compostos *(Composite Materials)*	• Substituir materiais homogêneos por materiais compostos.	• Pneus de automóveis. • Asas de aviões militares.

Anexo A.
Comentários e referências

"A vida é uma pedra de amolar: desgasta-nos ou afia-nos, conforme o metal de que somos feitos."

George Bernard Shaw

Capítulo 1

1. WERKEMA, Cristina. *Criando a Cultura Seis Sigma*. Nova Lima: Werkema Editora, 2004, 253 p.

2. WOMACK, James P.; JONES, Daniel T. *A Máquina que Mudou o Mundo*. Rio de Janeiro: Elsevier, 2004, 342 p.

3. WOMACK, James P.; JONES, Daniel T. *A Mentalidade Enxuta nas Empresas: Elimine o Desperdício e Crie Riqueza*. Rio de Janeiro: Elsevier, 2004, p. 370.

Capítulo 2

1. A **Figura 2.1** foi extraída de BERTELS, T. *Rath & Strong's Six Sigma Leadership Handbook*. Hoboken: John Wiley & Sons, Inc., 2003, p. 128.

2. WERKEMA, Cristina. *Criando a Cultura Seis Sigma*. Nova Lima: Werkema Editora, 2004, 253 p.

3. WERKEMA, Cristina. *Lean Seis Sigma: Introdução às Ferramentas do Lean Manufacturing*. Nova Lima: Werkema Editora, 2006, 117p.

4. A integração das ferramentas *Lean* às etapas do *DMAIC* foi um trabalho realizado em conjunto com a equipe de consultores do Grupo Werkema.

Capítulo 3

1. HINDO, Brian. At 3M, A Struggle Between Efficiency And Creativity. *BusinessWeek*, June 11, 2007. Disponível em: <http://www.businessweek.com/magazine/content/07_24/b4038406.htm>. Acesso em 13/05/2008.

2. KNOWLEDGE@WHARTON. TQM, ISO 9000, Six Sigma: Do Process Management Programs Discourage Innovation?. *Knowledge@Wharton*, November 30, 2005. Disponível em: <http://knowledge.wharton.upenn.edu/article.cfm?articleid=1321>. Acesso em 13/05/2008.

3. WELCH, Jack; WELCH, Suzy. *Paixão por Vencer*. Rio de Janeiro: Elsevier, 2005, p. 227.

4. MONOPOLI, Edoardo. "Business Innovation: Process or Passion?". *iSixSigma Magazine*, Bainbridge Island v. 1, n. 4, July/August 2005, p. 22.

5. SANTANA, Larissa. O Brasil que Inova. *Revista Exame*, 7 de fevereiro de 2008.

6. MERRILL, Peter. *Innovation Generation: Creating an Innovation Process and an Innovative Culture.* Milwaukee: ASQ Quality Press, 2008, p. 9.

7. MERRILL, Peter. *Innovation Generation: Creating an Innovation Process and an Innovative Culture.* Milwaukee: ASQ Quality Press, 2008, 218p.

8. MERRILL, Peter. *Innovation Generation: Creating an Innovation Process and an Innovative Culture.* Milwaukee: ASQ Quality Press, 2008, p. 29.

9. MONOPOLI, Edoardo. "Business Innovation: Process or Passion?". *iSixSigma Magazine*, 1(4), July/August 2005, p. 22.

10. McGREGOR, Jena. The World's Most Innovative Companies. *Business Week*, May 4, 2007.

11. WELCH, Jack; Welch, Suzy. *Paixão por Vencer*. Rio de Janeiro: Elsevier, 2005, p. 229.

12. SNEE, Ronald D.; HOERL, Roger W. *Leading Six Sigma: A Step-by-Step Guide Based on Experience With GE and Other Six Sigma Companies*. Upper Saddle River: Prentice Hall, 2003, p. 24.

Capítulo 4

1. A matriz da **Figura 4.1** foi elaborada por JORGE CARDOSO, coordenador do Programa Seis Sigma das empresas Multibrás e Embraco (Whirlpool S.A.) desde seu início, em 1997, até março de 2001.

2. Os níveis de cognição apresentados na **Figura 4.2** são baseados em "*Levels of Cognition*" da taxonomia de BLOOM (2001, revisada).

3. © 2007 AMERICAN SOCIETY FOR QUALITY (ASQ) – Reproduzido com permissão.

Capítulo 5

1. ABREU, Dionísio; CAMPOS, Carlos Eduardo de; COELHO, Ronaldo M.; PELLINI, Diego; PIQUERES, Antônio; RODRIGUES, Esequias; SOUZA, Renato de. *Comunicação pessoal*. São Paulo, agosto de 2007.

Capítulo 7

1. SCHMIDT, Elaine. "Healing Healthcare". *iSixSigma Magazine*, v. 4, n. 1, pp. 24-31, January/February 2008.

2. TRUSKO, Brett E.; PEXTON, Carolyn; HARRINGTON, H. James; GUPTA, Praveen. *Improving Healthcare Quality and Cost with Six Sigma*. Upper Saddle River: Financial Times Press, 2007, 472p.

Capítulo 10

1. GODFREY, A. Blanton. "Time to Add an 'R' do DMAIC?". *Six Sigma Forum Magazine*, v. 6, n. 3 – May 2007, p. 3.

2. O exemplo da montadora japonesa é apresentado por GODFREY, A. Blanton. "Time to Add an 'R' do DMAIC?". *Six Sigma Forum Magazine*, v. 6, n. 3 – May 2007, p. 4.

3. BERTELS, Thomas. *Rath & Strong's Six Sigma Leadership Handbook*. Hoboken: John Wiley & Sons, Inc., 2003, p. 450.

4. BERTELS, Thomas. *Rath & Strong's Six Sigma Leadership Handbook*. Hoboken: John Wiley & Sons, Inc., 2003, p. 341.

Capítulo 12

1. Para obter mais detalhes sobre a integração entre o Seis Sigma e o *Lean Manufacturing* o leitor pode consultar na presente obra o capítulo que trata do tema ou o livro *Lean Seis Sigma: Introdução às Ferramentas do Lean Manufacturing*. Nova Lima: Werkema Editora, 2006, 117p, de CRISTINA WERKEMA.

2. Esta seção foi elaborada a partir de extratos da obra *Um Guia do Conjunto de Conhecimentos do Gerenciamento de Projetos (PMBOK® Guide) Edição 2000*. Newtwon Square: Project Management Institute, 2002.

3. As vantagens e desvantagens do *PMBoK* foram redigidas por GIOVANNI GELAPE, consultor do Grupo Werkema.

Capítulo 13

1. WELCH, Jack; WELCH, Suzy. *Paixão por Vencer*. Rio de Janeiro: Elsevier, 2005, p. 109 e p. 72.

2. MARX, Michael. "The Hard Truth About Soft Skills". *iSixSigma Magazine*, Bainbridge Island, v. 4, n. 1, pp. 33-38, January/February 2008.

3. A apresentação do eneagrama foi elaborada a partir de extratos do texto intitulado *Eneagrama da Personalidade*, de autoria de LUIZ MAURO RENAULT JUNQUEIRA, terapeuta formado por Claudio Naranjo e membro do Instituto Gurdjieff de Belo Horizonte, com quem a autora vem tendo a oportunidade de aprofundar seus conhecimentos e sua experiência com o sistema.

4. O texto associado a cada tipo do Eneagrama na **Figura 13.1** foi extraído da introdução do livro de DON RICHARD RISO e RUSS HUDSON, *A Sabedoria do Eneagrama*. São Paulo: Editora Pensamento-Cultrix, 2001.

5. O texto das **Figuras 13.2** a **13.10** foi elaborado por LUIZ MAURO RENAULT JUNQUEIRA e CRISTINA WERKEMA e as imagens foram selecionadas por LUIZ MAURO RENAULT JUNQUEIRA e MIRO DE PAULA.

6. CHABREUIL, Patrícia; CHABREUIL, Fabien. *A Empresa e Seus Colaboradores: Usando o Eneagrama para Otimizar Recursos*. São Paulo: Madras Editora, 1999.

7. RISO, Don Richard; HUDSON, Russ. *A Sabedoria do Eneagrama*. São Paulo: Editora Pensamento--Cultrix, 2001, p. 38.

8. RISO, Don Richard; HUDSON, Russ. *A Sabedoria do Eneagrama*. São Paulo: Editora Pensamento--Cultrix, 2001, p. 26.

9. ROHR, Richar; EBERT, Andréas. *O Eneagrama: As Nove Faces da Alma*. Petrópolis: Editora Vozes, 2004.

10. RISO, Don Richard; HUDSON, Russ. *A Sabedoria do Eneagrama*. São Paulo: Editora Pensamento--Cultrix, 2001, p. 24.

11. PALMER, Helen. *O Eneagrama: Compreendendo-se a Si Mesmo e aos Outros em sua Vida*. São Paulo: Paulinas, 1993, p. 25.

12. CHABREUIL, Patrícia; CHABREUIL, Fabien. *A Empresa e Seus Colaboradores: Usando o Eneagrama para Otimizar Recursos*. São Paulo: Madras Editora, 1999, p. 152.

13. TIEGER, Paul D.; BARRON-TIEGER, Bárbara. *Do What You Are: Discover the Perfect Career for You Through the Secrets of Personality Type – Third Edition*. Boston: Little, Brown and Company, 2001.

14. CHABREUIL, Patrícia; CHABREUIL, Fabien. *A Empresa e Seus Colaboradores: Usando o Eneagrama para Otimizar Recursos*. São Paulo: Madras Editora, 1999, p. 159.

15. CHABREUIL, Patrícia; CHABREUIL, Fabien. *A Empresa e Seus Colaboradores: Usando o Eneagrama para Otimizar Recursos*. São Paulo: Madras Editora, 1999, p. 165.

16. CHABREUIL, Patrícia; CHABREUIL, Fabien. *A Empresa e Seus Colaboradores: Usando o Eneagrama para Otimizar Recursos*. São Paulo: Madras Editora, 1999, p. 166.

Capítulo 14

1. Um *stakeholder* é uma pessoa, área ou departamento que será afetado pelas soluções prioritárias consideradas em um projeto ou que deverá participar da implementação dessas soluções.

2. YOUNG, Janet. "*Driving Performance Results at American Express*". *Six Sigma Forum Magazine*, Milwaukee, v. 1, n. 1, p. 23, November 2001.

3. As perguntas apresentadas na **Figura 14.2** foram extraídas do artigo de CAROLYN PEXTON, "*Communication Strategies for Six Sigma Initiatives*", publicado no site <http://www.isixsigma.com>. Acesso em 03/11/2007.

4. PAULA, Miro de; FELIPE, Ricardo; CORREIA, Suzan. Ousar Comunicação Estratégica. *Comunicação pessoal*. Belo Horizonte, maio de 2008.

Capítulo 15

1. JURAN, J. M. A Qualidade desde o Projeto. São Paulo: Pioneira, 1992. pp. 131-138.

2. SCHMIDT, Paulo; DOS SANTOS, José Luiz; ARIMA, Carlos Hideo. *Fundamentos de Auditoria de Sistemas*. São Paulo: Editora Atlas S.A., 2006. pp. 66-72.

Capítulo 16

1. A **Figura 16.1** foi extraída de BARRY, Katie; DOMB, Ellen; SLOCUM, Michael S. *TRIZ: The Science of Creativity*. *iSixSigma Magazine*, Bainbridge Island, v. 3, n. 4, p. 42, July/August 2007.

2. REYNARD, Sue. *Dow Pairs Six Sigma and Innovation*. *iSixSigma Magazine*, Bainbridge Island, v. 3, n. 4, p. 23, July/August 2007.

3. Os conceitos básicos da TRIZ apresentados na **Figura 16.2** foram elaborados com base no artigo Uso dos Conceitos Fundamentais da TRIZ e do Método dos Princípios Inventivos no Desenvolvimento de Produtos, de autoria de Marco Aurélio de Carvalho e Nelson Back, publicado no 3º Congresso Brasileiro de Gestão de Desenvolvimento de Produto. Florianópolis, SC – 25 a 27 de setembro de 2001.

4. ALTSHULLER, Genrich. *40 Principles Extended Edition: TRIZ Keys to Technical Innovation*. Worcester: Technical Innovation Center, 2005. 137p.

5. TERNINKO, John; ZUSMAN, Alla; ZLOTIN, Boris. *Systematic Innovation: An Introduction to TRIZ*. Boca Raton: St. Lucie Press, 1998. 208p.

Anexo B.
Referências

"A regra de ouro é que não há regras de ouro."
George Bernard Shaw

Capítulo 1

1. WERKEMA, Cristina. *Criando a Cultura Seis Sigma*. Nova Lima: Werkema Editora, 2004, 253p.

2. WOMACK, James P.; JONES, Daniel T. *A Máquina que Mudou o Mundo*. Rio de Janeiro: Elsevier, 2004, 342p.

3. WOMACK, James P.; JONES, Daniel T. *A Mentalidade Enxuta nas Empresas: Elimine o Desperdício e Crie Riqueza*. Rio de Janeiro: Elsevier, 2004, 408p.

Capítulo 2

1. BERTELS, T. *Rath & Strong's Six Sigma Leadership Handbook*. Hoboken: John Wiley & Sons, Inc., 2003, 566p.

2. WERKEMA, Cristina. *Criando a Cultura Seis Sigma*. Nova Lima: Werkema Editora, 2004, 253p.

3. WERKEMA, Cristina. *Lean Seis Sigma: Introdução às Ferramentas do Lean Manufacturing*. Nova Lima: Werkema Editora, 2006, 117p.

Capítulo 3

1. HINDO, Brian. At 3M, A Struggle Between Efficiency And Creativity. *BusinessWeek*, June 11, 2007.

2. KNOWLEDGE@WHARTON. TQM, ISO 9000, Six Sigma: Do Process Management Programs Discourage Innovation?. *Knowledge@Wharton*, November 30, 2005.

3. McGREGOR, Jena. The World's Most Innovative Companies. *BusinessWeek*, May 4, 2007.

4. MERRILL, Peter. *Innovation Generation: Creating an Innovation Process and an Innovative Culture*. Milwaukee: ASQ Quality Press, 2008, 218p.

5. MONOPOLI, Edoardo. "Business Innovation: Process or Passion?". *iSixSigma Magazine*, Bainbridge Island, v. 1, n. 4, p. 22, July/August 2005.

6. SANTANA, Larissa. O Brasil que Inova. *Revista Exame*, 07 de fevereiro de 2008.

7. SNEE, Ronald D.; HOERL, Roger W. *Leading Six Sigma: A Step-by-Step Guide Based on Experience With GE and Other Six Sigma Companies*. Upper Saddle River: Prentice Hall, 2003, 279p.

8. WELCH, Jack; WELCH, Suzy. *Paixão por Vencer*. Rio de Janeiro: Elsevier, 2005, 346p.

Capítulo 4

1. AMERICAN SOCIETY FOR QUALITY – ASQ <http://www.asq.org/certification>. Acesso em 13/08/2008. Reproduzido com permissão.

2. CARDOSO, Jorge. *Comunicação pessoal*. São Paulo, maio de 2001.

Capítulo 5

1. ABREU, Dionísio; CAMPOS, Carlos Eduardo de; COELHO, Ronaldo M.; PELLINI, Diego; PIQUERES, Antônio; RODRIGUES, Esequias; SOUZA, Renato de. *Comunicação pessoal*. São Paulo, agosto de 2007.

Capítulo 7

1. SCHMIDT, Elaine. "Healing Healthcare". *iSixSigma Magazine*, v. 4, n. 1, pp. 24-31, January/February 2008.

2. TRUSKO, Brett E.; PEXTON, Carolyn; HARRINGTON, H. James; GUPTA, Praveen. *Improving Healthcare Quality and Cost with Six Sigma*. Upper Saddle River: Financial Times Press, 2007, 472p.

Capítulo 10

1. BERTELS, Thomas. *Rath & Strong's Six Sigma Leadership Handbook*. Hoboken: John Wiley & Sons, Inc., 2003, 566p.

2. GODFREY, A. Blanton. "Time to Add an 'R' do DMAIC?". *Six Sigma Forum Magazine*, v. 6, n. 3, p. 3, May 2007.

Capítulo 12

1. GELAPE, Giovanni. *Contatos pessoais*. Belo Horizonte, abril de 2006.

2. PROJECT MANAGEMENT INSTITUTE. *Um Guia do Conjunto de Conhecimentos do Gerenciamento de Projetos. PMBOK® Guide Edição 2000*. Newtwon Square: Project Management Institute, Inc., 2002, 218p.

3. WERKEMA, Cristina. *Lean Seis Sigma: Introdução às Ferramentas do Lean Manufacturing*. Nova Lima: Werkema Editora, 2006, 117p.

Capítulo 13

1. CHABREUIL, Patrícia; CHABREUIL, Fabien. *A Empresa e Seus Colaboradores: Usando o Eneagrama para Otimizar Recursos*. São Paulo: Madras Editora, 1999, 201p.

2. JUNQUEIRA, Luiz Mauro Renault. *O Eneagrama da Personalidade*. Belo Horizonte: Instituto de Estudos e Desenvolvimento Humano, 2007, 97p.

3. MARX, Michael. "The Hard Truth About Soft Skills". *iSixSigma Magazine*, Bainbridge Island, v. 4, n. 1, pp. 33-38, January/February 2008.

4. PALMER, Helen. *O Eneagrama: Compreendendo-se a Si Mesmo e aos Outros em sua Vida*. São Paulo: Paulinas, 1993, 427p.

5. RISO, Don Richard; HUDSON, Russ. *A Sabedoria do Eneagrama*. São Paulo: Editora Pensamento-Cultrix, 2001, 400p.

6. ROHR, Richar; EBERT, Andréas. *O Eneagrama: As Nove Faces da Alma*. Petrópolis: Editora Vozes, 2004, 316p.

7. TIEGER, Paul D.; BARRON-TIEGER, Bárbara. *Do What You Are: Discover the Perfect Career for You Through the Secrets of Personality Type – Third Edition*. Boston: Little, Brown and Company, 2001, 386p.

8. WELCH, Jack; WELCH, Suzy. *Paixão por Vencer*. Rio de Janeiro: Elsevier, 2005, 346p.

Capítulo 14

1. PAULA, Miro de; FELIPE, Ricardo; CORREIA, Suzan. Ousar Comunicação Estratégica. *Contatos pessoais*. Belo Horizonte, maio de 2008.

2. PEXTON, Carolyn. *Communication Strategies for Six Sigma Initiatives*. <www.isixsigma.com>. Acesso em 03/11/2007.

3. YOUNG, Janet. "Driving Performance Results at American Express". *Six Sigma Forum Magazine*, Milwaukee, v.1, n.1, p. 23, November 2001.

Capítulo 15

1. JURAN, J. M. A *Qualidade desde o Projeto*. São Paulo: Pioneira, 1992. pp. 131-138.

2. SCHMIDT, Paulo; DOS SANTOS, José Luiz; ARIMA, Carlos Hideo. *Fundamentos de Auditoria de Sistemas*. São Paulo: Editora Atlas, 2006. pp. 66-72.

Capítulo 16

1. ALTSHULLER, Genrich. *40 Principles Extended Edition: TRIZ Keys to Technical Innovation*. Worcester: Technical Innovation Center, 2005. 137p.

2. BARRY, Katie; DOMB, Ellen; SLOCUM, Michael S. *TRIZ: The Science of Creativity*. iSixSigma Magazine, Bainbridge Island, v. 3, n. 4, p. 42, July/August 2007.

3. CARVALHO, Marco Aurélio de; BACK. Nelson. *Uso dos Conceitos Fundamentais da TRIZ e do Método dos Princípios Inventivos no Desenvolvimento de Produtos*. Florianópolis: 3º Congresso Brasileiro de Gestão de Desenvolvimento de Produto, 25 a 27 de setembro de 2001.

4. REYNARD, Sue. *Dow Pairs Six Sigma and Innovation*. iSixSigma Magazine, Bainbridge Island, v. 3, n. 4, p. 23, July/August 2007.

5. TERNINKO, John, ZUSMAN, Alla, ZLOTIN, Boris. *Systematic Innovation: An Introduction to TRIZ*. Boca Raton: St. Lucie Press, 1998. 208p.

Lembrando Nelson Rodrigues[1]

*Os idiotas da objetividade
neste momento estão somando
dois com dois e achando quatro.*

*Os idiotas da objetividade
acham que basta andar em linha reta
para se chegar a alguma parte.*

*Os idiotas da objetividade
estão construindo obras
com "rigor impecável"
e a isto chamam arte.*

*Os idiotas da objetividade
se julgam puros
e a certas coisas têm horror.
Ao excesso, ao pecado
e, evidentemente,*
                – ao amor.

Affonso Romano de Sant'Anna

[1] "Lembrando Nelson Rodrigues", poema extraído do livro "Poesia Reunida: 1965-1999", de Affonso Romano de Sant'Anna. Porto Alegre: L&PM, 2004. p. 136..